Eureka Math
4.° grado
Módulo 5

Un agradecimiento especial al Gordon A. Cain Center y al Departamento de Matemáticas de la Universidad Estatal de Luisiana por su apoyo en el desarrollo de *Eureka Math*.

Para obtener un paquete
gratis de recursos de Eureka
Math para maestros,
Consejos para padres y más,
por favor visite
www.Eureka.tools

Publicado por la organización sin fines de lucro Great Minds®.

Copyright © 2017 Great Minds®.

Impreso en EE. UU.

Este libro puede comprarse directamente en la editorial en eureka-math.org

10 9 8 7 6 5 4 3

ISBN 978-1-68386-215-4

Nombre _____   Fecha _____

1. Dibuja un enlace numérico y escribe un enunciado numérico que coincida con cada diagrama de cintas. El primer ejercicio ya está resuelto.

a.

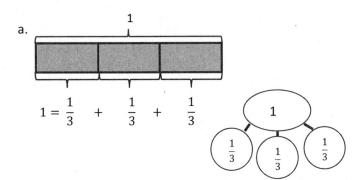

$$1 = \frac{1}{3} + \frac{1}{3} + \frac{1}{3}$$

b.

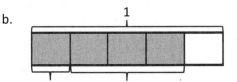

c.

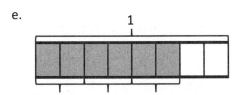

d.

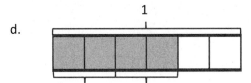

e.

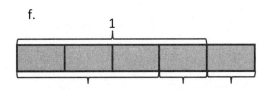

f.

g.

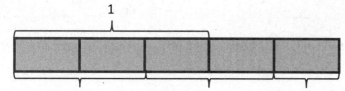

h.

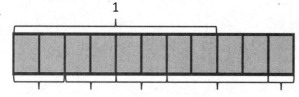

2. Dibuja y marca diagramas de cinta para representar cada descomposición.

a. $1 = \frac{1}{6} + \frac{1}{6} + \frac{1}{6} + \frac{1}{6} + \frac{1}{6} + \frac{1}{6}$

b. $\frac{4}{5} = \frac{1}{5} + \frac{2}{5} + \frac{1}{5}$

c. $\frac{7}{8} = \frac{3}{8} + \frac{3}{8} + \frac{1}{8}$

d. $\frac{11}{8} = \frac{7}{8} + \frac{1}{8} + \frac{3}{8}$

Lección 1:   Descomponer fracciones en una suma de fracciones unitarias usando diagramas de cinta.

EUREKA MATH™

e. $\dfrac{12}{10} = \dfrac{6}{10} + \dfrac{4}{10} + \dfrac{2}{10}$

f. $\dfrac{15}{12} = \dfrac{8}{12} + \dfrac{3}{12} + \dfrac{4}{12}$

g. $1\dfrac{2}{3} = 1 + \dfrac{2}{3}$

h. $1\dfrac{5}{8} = 1 + \dfrac{1}{8} + \dfrac{1}{8} + \dfrac{3}{8}$

EUREKA
MATH™

©2017 Great Minds®. eureka-math.org

Esta página se dejó en blanco intencionalmente

Nombre _____   Fecha _____

1. Dibuja un vínculo numérico y escribe un enunciado numérico que coincida con cada diagrama de cintas. El primer ejercicio ya está resuelto.

a.

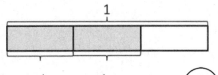

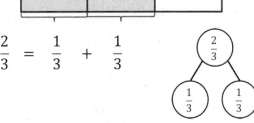

b.

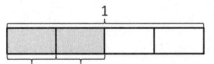

c.

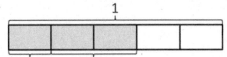

d.

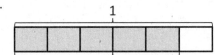

e.

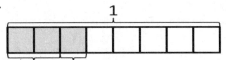

f.

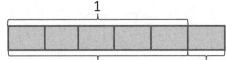

EUREKA
MATH™

Lección 1:   Descomponer fracciones en una suma de fracciones unitarias usando diagramas de cinta.

©2017 Great Minds®. eureka-math.org

5

g.

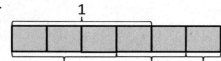

h.

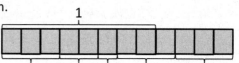

2. Dibuja y rotula diagramas de cintas para hacerlos coincidir con cada enunciado numérico.

a. $\frac{5}{8} = \frac{2}{8} + \frac{2}{8} + \frac{1}{8}$

b. $\frac{12}{8} = \frac{6}{8} + \frac{2}{8} + \frac{4}{8}$

c. $\frac{11}{10} = \frac{5}{10} + \frac{5}{10} + \frac{1}{10}$

d. $\frac{13}{12} = \frac{7}{12} + \frac{1}{12} + \frac{5}{12}$

e. $1\frac{1}{4} = 1 + \frac{1}{4}$

f. $1\frac{2}{7} = 1 + \frac{2}{7}$

Lección 1:   Descomponer fracciones en una suma de fracciones unitarias usando
diagramas de cinta.

EUREKA
MATH™

Nombre _____ Fecha _____

1. Paso 1: Dibuja y sombrea un diagrama de cinta para la fracción proporcionada.

   Paso 2: Registra la descomposición como una suma de fracciones unitarias.

   Paso 3: Registra la descomposición de la fracción en otras dos maneras.

   (El primer ejemplo ya está resuelto).

a. $\frac{5}{8}$

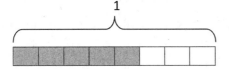

$$\frac{5}{8} = \frac{1}{8} + \frac{1}{8} + \frac{1}{8} + \frac{1}{8} + \frac{1}{8} \qquad \frac{5}{8} = \frac{2}{8} + \frac{2}{8} + \frac{1}{8} \qquad \frac{5}{8} = \frac{2}{8} + \frac{1}{8} + \frac{1}{8} + \frac{1}{8}$$

b. $\frac{9}{10}$

c. $\frac{3}{2}$

![EUREKA MATH]

Lección 2:   Descomponer fracciones en una suma de fracciones unitarias usando diagramas de cintas.

7

©2017 Great Minds®. eureka-math.org

2. Paso 1: Dibuja y sombrea un diagrama de cinta para la fracción proporcionada.

Paso 2: Registra la descomposición de la fracción en tres maneras diferentes usando enunciados numéricos.

a. $\frac{7}{8}$

b. $\frac{5}{3}$

c. $\frac{7}{5}$

d. $1\frac{1}{3}$

Lección 2: Descomponer fracciones en una suma de fracciones unitarias usando diagramas de cintas.

EUREKA
MATH™

Nombre _____   Fecha _____

1. Paso 1: Dibuja y sombrea un diagrama de cinta para la fracción proporcionada.

    Paso 2: Registra la descomposición como una suma de fracciones unitarias.

    Paso 3: Registra la descomposición de la fracción en otras dos maneras.

    (El primer ejemplo ya está resuelto).

    a. $\frac{5}{6}$

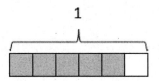

$$\frac{5}{6} = \frac{1}{6} + \frac{1}{6} + \frac{1}{6} + \frac{1}{6} + \frac{1}{6}$$

$$\frac{5}{6} = \frac{2}{6} + \frac{2}{6} + \frac{1}{6}$$

$$\frac{5}{6} = \frac{1}{6} + \frac{4}{6}$$

    b. $\frac{6}{8}$

    c. $\frac{7}{10}$

EUREKA MATH

Lección 2:   Descomponer fracciones en una suma de fracciones unitarias usando diagramas de cintas.

9

©2017 Great Minds®. eureka-math.org

2.   Paso 1: Dibuja y sombrea un diagrama de cinta para la fracción proporcionada.

Paso 2: Registra la descomposición de la fracción en tres maneras diferentes usando enunciados numéricos.

a. $\dfrac{10}{12}$

b. $\dfrac{5}{4}$

c. $\dfrac{6}{5}$

d. $1\dfrac{1}{4}$

Lección 2:   Descomponer fracciones en una suma de fracciones unitarias usando diagramas de cintas.

©2017 Great Minds®. eureka-math.org

EUREKA
MATH™

Nombre _____ Fecha _____

1. Descompón cada fracción representada por un diagrama de cinta como una suma de fracciones unitarias. Escribe el enunciado de multiplicación equivalente. El primer ejercicio ya está resuelto.

a.

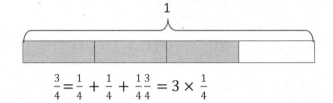

$$\frac{3}{4} = \frac{1}{4} + \frac{1}{4} + \frac{1}{4} \frac{3}{4} = 3 \times \frac{1}{4}$$

b.

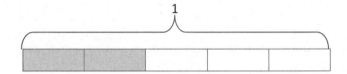

c.

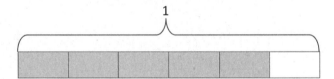

d.

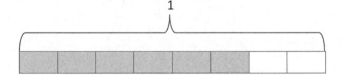

e.

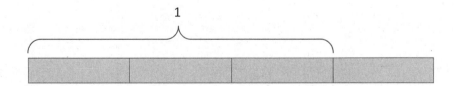

EUREKA MATH™

Lección 3:   Descomponer fracciones no unitarias y representarlas como la multiplicación de un número entero por una fracción unitaria usando diagramas de cintas.

©2017 Great Minds®. eureka-math.org

11

2. Escribe las siguientes fracciones mayores que 1 como la suma de dos productos.

a.

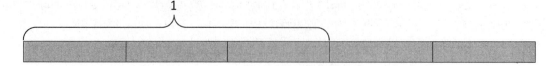

b.

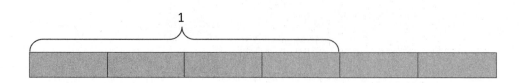

3. Dibuja un diagrama de cinta y registra la descomposición de la fracción proporcionada en fracciones unitarias como un enunciado de multiplicación.

a. $\frac{4}{5}$

b. $\frac{5}{8}$

c. $\frac{7}{9}$

d. $\frac{7}{4}$

e. $\frac{7}{6}$

Lección 3:   Descomponer fracciones no unitarias y representarlas como la
                          multiplicación de un número entero por una fracción unitaria usando
                          diagramas de cintas.
                  ©2017 Great Minds®. eureka-math.org

EUREKA MATH™

Nombre _____   Fecha _____

1. Descompón cada fracción representada por un diagrama de cinta como una suma de fracciones unitarias. Escribe el enunciado de multiplicación equivalente. El primer ejercicio ya está resuelto.

a.

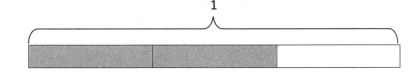

$$\frac{2}{3} = \frac{1}{3} + \frac{1}{3} \qquad \frac{2}{3} = 2 \times \frac{1}{3}$$

b.

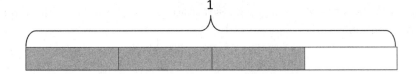

c.

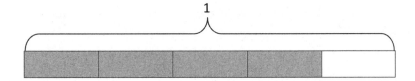

d.

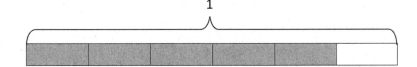

2. Escribe las siguientes fracciones mayores que 1 como la suma de dos productos.

   a.

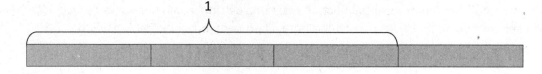

   b.

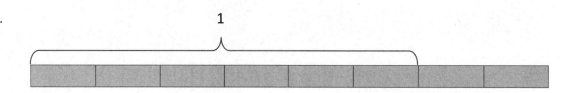

3. Dibuja un diagrama de cinta y registra la descomposición de la fracción proporcionada en fracciones unitarias como un enunciado de multiplicación.

   a. $\frac{3}{5}$

   b. $\frac{3}{8}$

   c. $\frac{5}{9}$

   d. $\frac{8}{5}$

   e. $\frac{12}{4}$

Lección 3:   Descomponer fracciones no unitarias y representarlas como la
                        multiplicación de un número entero por una fracción unitaria usando
                        diagramas de cintas.
              ©2017 Great Minds®. eureka-math.org

EUREKA MATH™

Nombre _____   Fecha _____

1. La longitud total de cada diagrama de cintas representa 1. Descompón las fracciones unitarias sombreadas como la suma de fracciones unitarias menores en al menos dos maneras diferentes. El primer ejercicio ya está resuelto.

a.

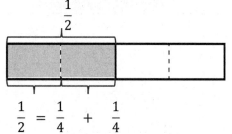

$$\frac{1}{2} = \frac{1}{4} + \frac{1}{4}$$

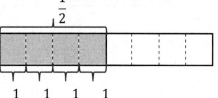

$$\frac{1}{2} = \frac{1}{8} + \frac{1}{8} + \frac{1}{8} + \frac{1}{8}$$

b.

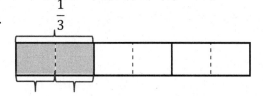

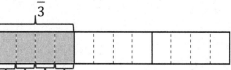

c.

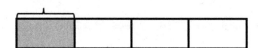

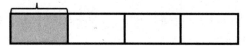

d.

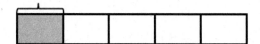

2. La longitud total de cada diagrama de cintas representa 1. Descompón las fracciones unitarias sombreadas como la suma de fracciones unitarias menores en al menos dos maneras diferentes.

a. 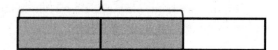

b. 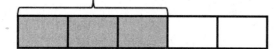 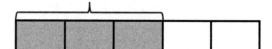

3. Dibuja y marca diagramas de cintas para demostrar las siguientes afirmaciones. El primer ejercicio ya está resuelto.

a. $\frac{2}{5} = \frac{4}{10}$ 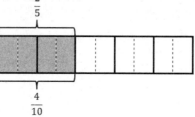

b. $\frac{2}{6} = \frac{4}{12}$

Lección 4:   Descomponer fracciones en sumas de fracciones unitarias menores usando diagramas de cintas.

©2017 Great Minds®. eureka-math.org

EUREKA MATH™

c. $\frac{3}{4} = \frac{6}{8}$

d. $\frac{3}{4} = \frac{9}{12}$

4. Muestra que $\frac{1}{2}$ es equivalente a $\frac{4}{8}$ usando un diagrama de cintas y un enunciado numérico.

5. Muestra que $\frac{2}{3}$ es equivalente a $\frac{6}{9}$ usando un diagrama de cintas y un enunciado numérico.

6. Muestra que $\frac{4}{6}$ es equivalente a $\frac{8}{12}$ usando un diagrama de cintas y un enunciado numérico.

EUREKA MATH™   **Lección 4:**   Descomponer fracciones en sumas de fracciones unitarias menores   17
usando diagramas de cintas.

©2017 Great Minds®. eureka-math.org

Esta página se dejó en blanco intencionalmente

Nombre _____   Fecha _____

1. La longitud total de cada diagrama de cintas representa 1. Descompón las fracciones unitarias sombreadas como la suma de fracciones unitarias menores en al menos dos maneras diferentes. El primer ejercicio ya está resuelto.

a.

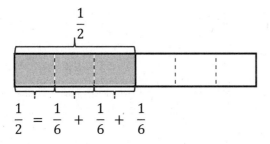

$$\frac{1}{2} = \frac{1}{6} + \frac{1}{6} + \frac{1}{6}$$

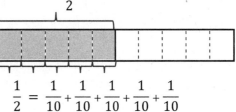

$$\frac{1}{2} = \frac{1}{10} + \frac{1}{10} + \frac{1}{10} + \frac{1}{10} + \frac{1}{10}$$

b.

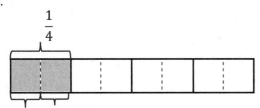

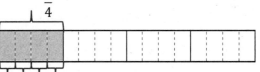

2. La longitud total de cada diagrama de cintas representa 1. Descompón las fracciones unitarias sombreadas como la suma de fracciones unitarias menores en al menos dos maneras diferentes.

a.

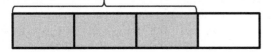

b.

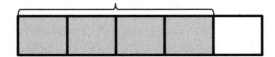

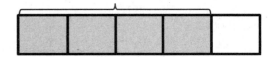

Lección 4:   Descomponer fracciones en sumas de fracciones unitarias menores usando diagramas de cintas.

EUREKA MATH™

©2017 Great Minds®. eureka-math.org

19

c.

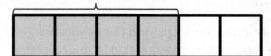 

3. Dibuja diagramas de cintas para demostrar las siguientes afirmaciones. El primer ejercicio ya está resuelto.

a. $\frac{2}{5} = \frac{4}{10}$

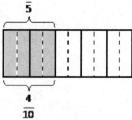

b. $\frac{3}{6} = \frac{6}{12}$

c. $\frac{2}{6} = \frac{6}{18}$

d. $\frac{3}{4} = \frac{12}{16}$

Lección 4:   Descomponer fracciones en sumas de fracciones unitarias menores
usando diagramas de cintas.

EUREKA
MATH™

4. Muestra que $\frac{1}{2}$ es equivalente a $\frac{6}{12}$ usando un diagrama de cintas y un enunciado numérico.

5. Muestra que $\frac{2}{3}$ es equivalente a $\frac{8}{12}$ usando un diagrama de cintas y un enunciado numérico.

6. Muestra que $\frac{4}{5}$ es equivalente a $\frac{12}{15}$ usando un diagrama de cintas y un enunciado numérico.

EUREKA MATH™

Lección 4:   Descomponer fracciones en sumas de fracciones unitarias menores usando diagramas de cintas.

21

©2017 Great Minds®. eureka-math.org

Esta página se dejó en blanco intencionalmente

Nombre _____ Fecha _____

1. Dibuja líneas horizontales para descomponer cada rectángulo en la cantidad de filas que se indica. Usa la representación para mostrar el área sombreada como la suma de fracciones unitarias y como un enunciado de multiplicación.

   a. 2 filas

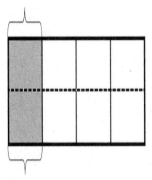

$$\frac{1}{4} = \frac{2}{}$$

$$\frac{1}{4} = \frac{1}{8} + \frac{}{} = \frac{}{}$$

$$\frac{1}{4} = 2 \times \frac{}{} = \frac{}{}$$

   b. 2 filas

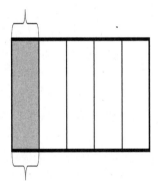

   c. 4 filas

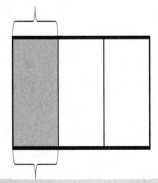

Lección 5: Descomponer fracciones unitarias usando modelos de área para mostrar equivalencia.

©2017 Great Minds®. eureka-math.org

23

2. Dibuja modelos de área para mostrar la descomposición representada por los siguientes enunciados numéricos. Representa la descomposición como una suma de fracciones unitarias y como un enunciado de multiplicación.

a. $\frac{1}{2} = \frac{3}{6}$

b. $\frac{1}{2} = \frac{4}{8}$

c. $\frac{1}{2} = \frac{5}{10}$

d. $\frac{1}{3} = \frac{2}{6}$

e. $\frac{1}{3} = \frac{4}{12}$

f. $\frac{1}{4} = \frac{3}{12}$

3. Explica por qué $\frac{1}{12} + \frac{1}{12} + \frac{1}{12}$ es lo mismo que $\frac{1}{4}$.

Lección 5:   Descomponer fracciones unitarias usando modelos de área para mostrar equivalencia.

EUREKA MATH™

Nombre _____   Fecha _____

1. Dibuja líneas horizontales para descomponer cada rectángulo en la cantidad de filas que se indica. Usa la representación para mostrar el área sombreada como la suma de fracciones unitarias y como un enunciado de multiplicación.

    a. 3 filas

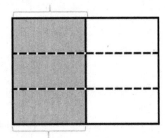

$$\frac{1}{2} = \frac{3}{\underline{}}$$

$$\frac{1}{2} = \frac{1}{6} + \underline{} + \underline{} = \frac{3}{6}$$

$$\frac{1}{2} = 3 \times \underline{} = \frac{3}{6}$$

    b. 2 filas

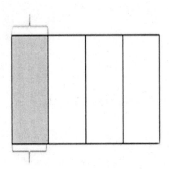

    c. 4 filas

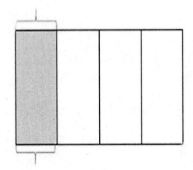

EUREKA MATH™   Lección 5:   Descomponer fracciones unitarias usando modelos de área para   25
                                    mostrar equivalencia.

©2017 Great Minds®. eureka-math.org

2. Dibuja modelos de área para mostrar la descomposición representada por los siguientes enunciados numéricos. Representa la descomposición como una suma de fracciones unitarias y como un enunciado de multiplicación.

a. $\frac{1}{3} = \frac{2}{6}$

b. $\frac{1}{3} = \frac{3}{9}$

c. $\frac{1}{3} = \frac{4}{12}$

d. $\frac{1}{3} = \frac{5}{15}$

e. $\frac{1}{5} = \frac{2}{10}$

f. $\frac{1}{5} = \frac{3}{15}$

3. Explica por qué $\frac{1}{12} + \frac{1}{12} + \frac{1}{12} + \frac{1}{12}$ es lo mismo que $\frac{1}{3}$.

Lección 5:   Descomponer fracciones unitarias usando modelos de área para mostrar equivalencia.

©2017 Great Minds®. eureka-math.org

EUREKA MATH™

Nombre _____   Fecha _____

1. Cada rectángulo representa 1. Dibuja líneas horizontales para descomponer cada rectángulo en las unidades fraccionarias que se indica. Usa la representación para mostrar el área sombreada como la suma y el producto de fracciones unitarias. Usa paréntesis para mostrar la relación entre los enunciados numéricos. El primer ejemplo está resuelto parcialmente.

a. Sextos

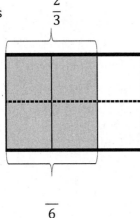

$$\frac{2}{3} = \frac{4}{\underline{}}$$

$$\frac{}{3} + \frac{}{3} = \left(\frac{1}{6} + \frac{1}{6}\right) + \left(\frac{1}{6} + \frac{1}{6}\right) = \frac{4}{\underline{}}$$

$$\left(\frac{1}{6} + \frac{1}{6}\right) + \left(\frac{1}{6} + \frac{1}{6}\right) = \left(2 \times \frac{}{\underline{}}\right) + \left(2 \times \frac{}{\underline{}}\right) = \frac{4}{\underline{}}$$

$$\frac{2}{3} = 4 \times \frac{}{\underline{}} = \frac{4}{\underline{}}$$

b. Décimas

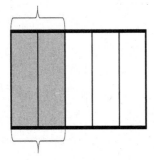

EUREKA
MATH™

Lección 6:   Descomponer fracciones usando modelos de área para mostrar la
               equivalencia.

©2017 Great Minds®. eureka-math.org

27

c. Doceavos

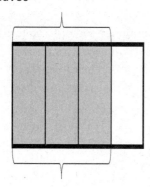

2. Dibuja modelos de área para mostrar la descomposición representada por los siguientes enunciados numéricos. Expresa cada uno como la suma y el producto de fracciones unitarias. Usa paréntesis para mostrar la relación entre los enunciados numéricos.

a. $\dfrac{3}{5} = \dfrac{6}{10}$

b. $\dfrac{3}{4} = \dfrac{6}{8}$

EUREKA MATH™

3.   Paso 1: Dibuja un modelo de área para una fracción con unidades de tercios, cuartos y quintos.

Paso 2: Sombrea más de una unidad fraccionaria.

Paso 3: Divide el modelo de área otra vez para encontrar una fracción equivalente.

Paso 4: Escribe las fracciones equivalentes como un enunciado numérico. (Si ya escribiste un enunciado numérico igual en este Grupo de problemas, vuelve a empezar).

Lección 6:   Descomponer fracciones usando modelos de área para mostrar la equivalencia.

29

©2017 Great Minds®. eureka-math.org

Esta página se dejó en blanco intencionalmente

Nombre _____   Fecha _____

1. Cada rectángulo representa 1. Dibuja líneas horizontales para descomponer cada rectángulo en las unidades fraccionarias que se indica. Usa la representación para mostrar el área sombreada como la suma y el producto de fracciones unitarias. Usa paréntesis para mostrar la relación entre los enunciados numéricos. El primer ejemplo ya está resuelto parcialmente.

a. Décimas $\frac{2}{5}$

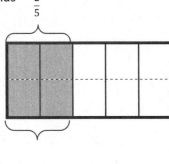

$$\frac{2}{5} = \frac{4}{}$$

$$\frac{}{5} + \frac{}{5} = \left(\frac{1}{10} + \frac{1}{10}\right) + \left(\frac{1}{10} + \frac{1}{10}\right) = \frac{4}{}$$

$$\left(\frac{1}{10} + \frac{1}{10}\right) + \left(\frac{1}{10} + \frac{1}{10}\right) = \left(2 \times \frac{}{}\right) + \left(2 \times \frac{}{}\right) = \frac{4}{}$$

$$\frac{2}{5} = 4 \times \frac{}{} = \frac{4}{}$$

b. Octavos

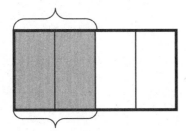

c. Quinceavos

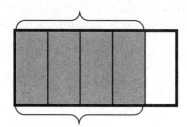

2. Dibuja modelos de área para mostrar la descomposición representada por los siguientes enunciados numéricos. Expresa cada uno como la suma y el producto de fracciones unitarias. Usa paréntesis para mostrar la relación entre los enunciados numéricos.

a. $\dfrac{2}{3} = \dfrac{4}{6}$

b. $\dfrac{4}{5} = \dfrac{8}{10}$

Lección 6: Descomponer fracciones usando modelos de área para mostrar la equivalencia.

©2017 Great Minds®. eureka-math.org

EUREKA
MATH™

3. Paso 1: Dibuja un modelo de área para una fracción con unidades de tercios, cuartos y quintos.

Paso 2: Sombrea más de una unidad fraccionaria.

Paso 3: Divide el modelo de área otra vez para encontrar una fracción equivalente.

Paso 4: Escribe las fracciones equivalentes como un enunciado numérico. (Si ya escribiste un enunciado numérico igual en esta Tarea, vuelve a empezar).

Lección 6:   Descomponer fracciones usando modelos de área para mostrar la equivalencia.

33

©2017 Great Minds®. eureka-math.org

Esta página se dejó en blanco intencionalmente

Nombre _____ Fecha _____

Cada rectángulo representa 1.

1. Las fracciones unitarias sombreadas se han descompuesto en unidades más pequeñas. Expresa las fracciones equivalentes en un enunciado numérico usando la multiplicación. El primer ejercicio ya está resuelto.

a.

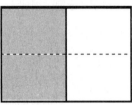

$$\frac{1}{2} = \frac{1 \times 2}{2 \times 2} = \frac{2}{4}$$

b.

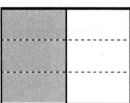

c.

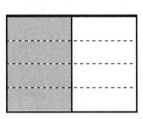

d.

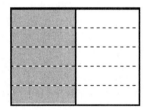

EUREKA
MATH™

Lección 7:   Usar el modelo de área y la multiplicación para demostrar la equivalencia entre dos fracciones.

35

2. Descompón las fracciones sombreadas en fracciones más pequeñas usando los modelos de área. Expresa las fracciones equivalentes en un enunciado numérico usando la multiplicación.

a.

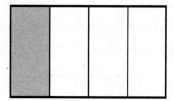

b.

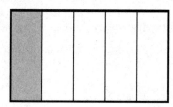

c.

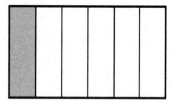

d.

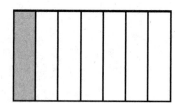

e. ¿Qué le pasó al tamaño de las unidades fraccionarias cuando descompusiste la fracción?

f. ¿Qué le pasó al total de unidades en el entero cuando descompusiste la fracción?

EUREKA MATH™

3. Dibuja tres modelos de área diferentes para representar 1 tercio con sombreado.
    Descompón la fracción sombreada en (a) sextos, (b) novenos y (c) doceavos.
    Usa la multiplicación para mostrar cómo cada fracción es equivalente a 1 tercio.

    a.

    b.

    c.

Esta página se dejó en blanco intencionalmente

Nombre _____   Fecha _____

Cada rectángulo representa 1.

1. Las fracciones unitarias sombreadas se han descompuesto en unidades más pequeñas. Expresa las fracciones equivalentes en un enunciado numérico usando la multiplicación. El primer ejercicio ya está resuelto.

a.

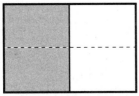

$$\frac{1}{2} = \frac{1 \times 2}{2 \times 2} = \frac{2}{4}$$

b.

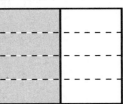

c.

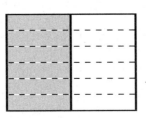

d.

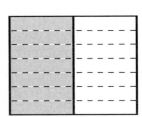

2. Descompón las fracciones sombreadas en fracciones más pequeñas usando los modelos de área. Expresa las fracciones equivalentes en un enunciado numérico usando la multiplicación.

a.

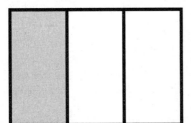

b.

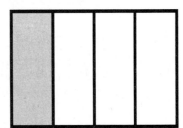

EUREKA MATH™

Lección 7:   Usar el modelo de área y la multiplicación para demostrar la equivalencia entre dos fracciones.

39

©2017 Great Minds®. eureka-math.org

c.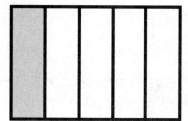

d.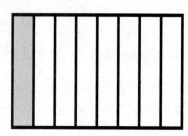

3. Dibuja tres modelos de área diferentes para representar 1 cuarto con sombreado.
    Descompón la fracción sombreada en (a) octavos (b) doceavos (c) dieciseisavos.
    Usa la multiplicación para mostrar cómo cada fracción es equivalente a 1 cuarto.

    a.

    b.

    c.

Lección 7:   Usar el modelo de área y la multiplicación para demostrar la
equivalencia entre dos fracciones.

©2017 Great Minds®. eureka-math.org

EUREKA
MATH™

Nombre _____   Fecha _____

Cada rectángulo representa 1.

1. Las fracciones sombreadas se han descompuesto en unidades más pequeñas. Expresa las fracciones equivalentes en un enunciado numérico usando la multiplicación. El primer ejercicio ya está resuelto.

a.

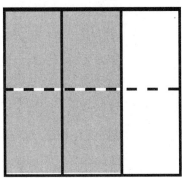

$$\frac{2}{3} = \frac{2 \times 2}{3 \times 2} = \frac{4}{6}$$

b.

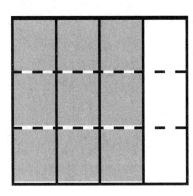

c.

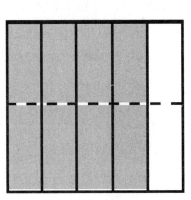

d.

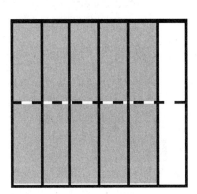

2. Descompón las fracciones sombreadas en fracciones más pequeñas, como se muestra abajo. Expresa las fracciones equivalentes en un enunciado numérico usando la multiplicación.

a. Descompón en décimas.

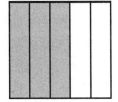

b. Descompón en quinceavos.

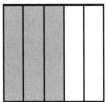

EUREKA MATH™   **Lección 8:**   Usar el modelo de área y la multiplicación para demostrar la equivalencia entre dos fracciones.   41

©2017 Great Minds®. eureka-math.org

3. Dibuja modelos de área para demostrar que los siguientes enunciados numéricos son verdaderos.

    a. $\frac{2}{5} = \frac{4}{10}$ b. $\frac{2}{3} = \frac{8}{12}$

    c. $\frac{3}{6} = \frac{6}{12}$ d. $\frac{4}{6} = \frac{8}{12}$

4. Usa la multiplicación para encontrar una fracción equivalente para cada una de las siguientes fracciones.

    a. $\frac{3}{4}$ b. $\frac{4}{5}$

    c. $\frac{7}{6}$ d. $\frac{12}{7}$

5. Determina cuáles de los siguientes enunciados numéricos son verdaderos. Corrige aquellos que sean falsos cambiando el lado derecho del enunciado numérico.

    a. $\frac{4}{3} = \frac{8}{9}$ b. $\frac{5}{4} = \frac{10}{8}$

    c. $\frac{4}{5} = \frac{12}{10}$ d. $\frac{4}{6} = \frac{12}{18}$

Lección 8:   Usar el modelo de área y la multiplicación para demostrar la equivalencia entre dos fracciones.

©2017 Great Minds®. eureka-math.org

EUREKA MATH™

Nombre _____   Fecha _____

Cada rectángulo representa 1.

1. Las fracciones sombreadas se han descompuesto en unidades más pequeñas. Expresa las fracciones equivalentes en un enunciado numérico usando la multiplicación. El primer ejercicio ya está resuelto.

a.
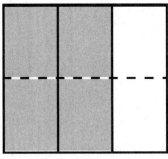

$$\frac{2}{3} = \frac{2 \times 2}{3 \times 2} = \frac{4}{6}$$

b.
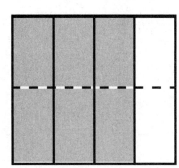

c.
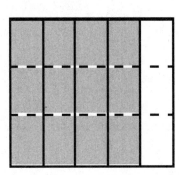

d.
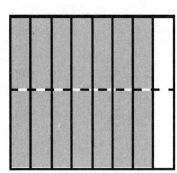

2. Descompón las dos fracciones sombreadas en doceavos. Expresa las fracciones equivalentes en un enunciado numérico usando la multiplicación.

a.
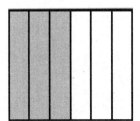

b.
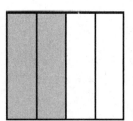

Lección 8: Usar el modelo de área y la multiplicación para demostrar la equivalencia entre dos fracciones.

43

3. Dibuja modelos de área para demostrar que los siguientes enunciados numéricos son verdaderos.

   a. $\frac{1}{3} = \frac{2}{6}$

   b. $\frac{2}{5} = \frac{4}{10}$

   c. $\frac{5}{7} = \frac{10}{14}$

   d. $\frac{3}{6} = \frac{9}{18}$

4. Usa la multiplicación para crear una fracción equivalente para las siguientes fracciones.

   a. $\frac{2}{3}$

   b. $\frac{5}{6}$

   c. $\frac{6}{5}$

   d. $\frac{10}{8}$

5. Determina cuáles de los siguientes enunciados numéricos son verdaderos. Corrige aquellos que sean falsos cambiando el lado derecho del enunciado numérico.

   a. $\frac{2}{3} = \frac{4}{9}$

   b. $\frac{5}{6} = \frac{10}{12}$

   c. $\frac{3}{5} = \frac{6}{15}$

   d. $\frac{7}{4} = \frac{21}{12}$

Lección 8:   Usar el modelo de área y la multiplicación para demostrar la equivalencia entre dos fracciones.

©2017 Great Minds®. eureka-math.org

EUREKA
MATH™

Nombre _____ Fecha _____

Cada rectángulo representa 1.

1. Compón las fracciones sombreadas en unidades fraccionarias más grandes. Expresa las fracciones equivalentes en un enunciado numérico usando la división. El primer ejercicio ya está resuelto.

a.

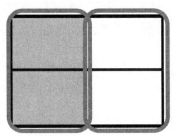

$$\frac{2}{4} = \frac{2 \div 2}{4 \div 2} = \frac{1}{2}$$

b.

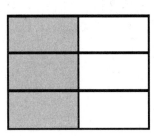

c.

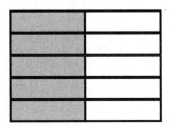

d.

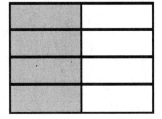

EUREKA MATH™

Lección 9: Usar el modelo de área y la división para demostrar la equivalencia entre dos fracciones.

©2017 Great Minds®. eureka-math.org

45

2. Compón las fracciones sombreadas en unidades fraccionarias más grandes. Expresa las fracciones equivalentes en un enunciado numérico usando la división.

a.

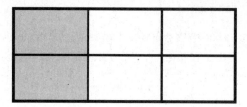

b.

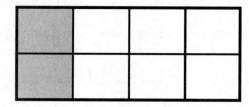

c.

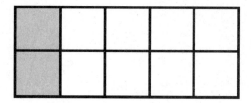

d.

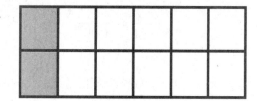

e. ¿Qué pasó con el tamaño de las unidades fraccionarias cuando compusiste la fracción?

f. ¿Qué le pasó a la cantidad de unidades en el total cuando compusiste la fracción?

Lección 9:   Usar el modelo de área y la división para demostrar la equivalencia
entre dos fracciones.

EUREKA
MATH

3. a. Muestra 2 sextos en el primer modelo de área. Muestra 3 novenos en el segundo modelo de área. Muestra cómo se pueden renombrar las dos fracciones como la misma fracción unitaria.

   b. Expresa las fracciones equivalentes en un enunciado numérico usando la división.

4. a. Muestra 2 octavos en el primer modelo de área. Muestra 3 doceavos en el segundo modelo de área. Muestra cómo se pueden componer o renombrar las dos fracciones como la misma fracción unitaria.

   b. Expresa las fracciones equivalentes en un enunciado numérico usando la división.

Lección 9: Usar el modelo de área y la división para demostrar la equivalencia entre dos fracciones.

47

©2017 Great Minds®. eureka-math.org

Esta página se dejó en blanco intencionalmente

Nombre _____   Fecha _____

Cada rectángulo representa 1.

1. Compón las fracciones sombreadas en unidades fraccionarias más grandes. Expresa las fracciones equivalentes en un enunciado numérico usando la división. El primer ejercicio ya está resuelto.

a.

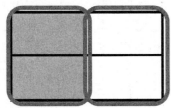

$$\frac{2}{4} = \frac{2 \div 2}{4 \div 2} = \frac{1}{2}$$

b.

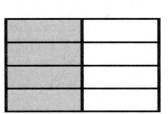

c.

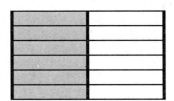

d.

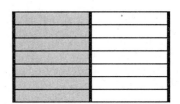

Lección 9:   Usar el modelo de área y la división para demostrar la equivalencia entre dos fracciones.

©2017 Great Minds®. eureka-math.org

2. Compón las fracciones sombreadas en unidades fraccionarias más grandes. Expresa las fracciones equivalentes en un enunciado numérico usando la división.

a.

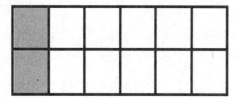

b.

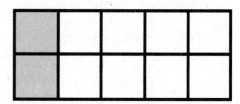

c.

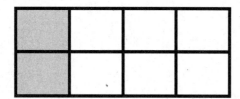

d.

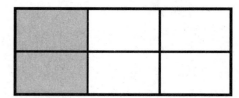

e. ¿Qué pasó con el tamaño de las unidades fraccionarias cuando compusiste la fracción?

f. ¿Qué le pasó a la cantidad de unidades en el total cuando compusiste la fracción?

Lección 9:   Usar el modelo de área y la división para demostrar la equivalencia entre dos fracciones.

©2017 Great Minds®. eureka-math.org

EUREKA MATH™

3. a. Muestra 4 octavos en el primer modelo de área. Muestra 6 doceavos en el segundo modelo de área. Muestra cómo se pueden componer o renombrar las dos fracciones como la misma fracción unitaria.

   b. Expresa las fracciones equivalentes en un enunciado numérico usando la división.

4. a. Muestra 4 octavos en el primer modelo de área. Muestra 8 dieciseisavos en el segundo modelo de área. Muestra cómo se pueden componer o renombrar las dos fracciones como la misma fracción unitaria.

   b. Expresa las fracciones equivalentes en un enunciado numérico usando la división.

Lección 9:   Usar el modelo de área y la división para demostrar la equivalencia entre dos fracciones.

51

©2017 Great Minds®. eureka-math.org

Esta página se dejó en blanco intencionalmente

Nombre _____ Fecha _____

Cada rectángulo representa 1.

1. Compón las fracciones sombreadas en unidades fraccionarias más grandes. Expresa las fracciones equivalentes en un enunciado numérico usando la división. El primer ejercicio ya está resuelto.

a.

$$\frac{4}{6} = \frac{4 \div 2}{6 \div 2} = \frac{2}{3}$$

b.

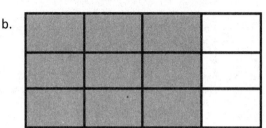

c.

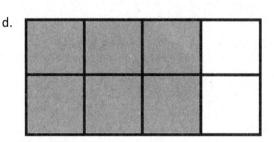

d.

EUREKA MATH

Lección 10:   Usar el modelo de área y la división para demostrar la equivalencia entre dos fracciones.

©2017 Great Minds®. eureka-math.org

53

2. Compón las fracciones sombreadas en unidades fraccionarias más grandes. Expresa las fracciones equivalentes en un enunciado numérico usando la división.

a.

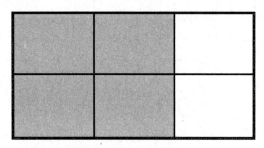

b.

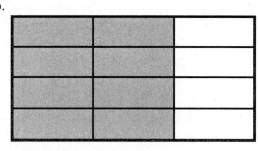

3. Dibuja un modelo de área para representar los siguientes enunciados numéricos.

a. $\dfrac{4}{10} = \dfrac{4 \div 2}{10 \div 2} = \dfrac{2}{5}$

b. $\dfrac{6}{9} = \dfrac{6 \div 3}{9 \div 3} = \dfrac{2}{3}$

Lección 10: Usar el modelo de área y la división para demostrar la equivalencia entre dos fracciones.

EUREKA MATH

4. Usa la división para renombrar cada una de las siguientes fracciones. Dibuja un modelo de área si te ayuda. Ve si puedes usar el mayor factor común.

a. $\frac{4}{8}$

b. $\frac{12}{16}$

c. $\frac{12}{20}$

d. $\frac{16}{20}$

EUREKA MATH

Lección 10: Usar el modelo de área y la división para demostrar la equivalencia entre dos fracciones.

55

©2017 Great Minds®. eureka-math.org

Esta página se dejó en blanco intencionalmente

Nombre _____ Fecha _____

Cada rectángulo representa 1.

1. Compón las fracciones sombreadas en unidades fraccionarias más grandes. Expresa las fracciones equivalentes en un enunciado numérico usando la división. El primer ejercicio ya está resuelto.

a.

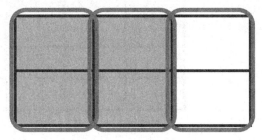

$$\frac{4}{6} = \frac{4 \div 2}{6 \div 2} = \frac{2}{3}$$

b.

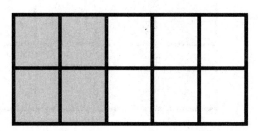

c.

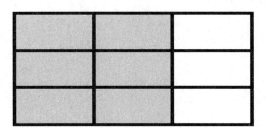

d.

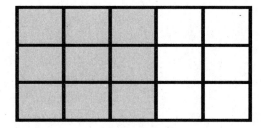

EUREKA MATH

Lección 10: Usar el modelo de área y la división para demostrar la equivalencia entre dos fracciones.

57

©2017 Great Minds®. eureka-math.org

2. Compón las fracciones sombreadas en unidades fraccionarias más grandes. Expresa las fracciones equivalentes en un enunciado numérico usando la división.

a.
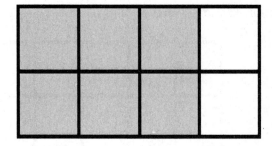

b.

3. Dibuja un modelo de área para representar los siguientes enunciados numéricos.

a. $\dfrac{6}{15} = \dfrac{6 \div 3}{15 \div 3} = \dfrac{2}{5}$

b. $\dfrac{6}{18} = \dfrac{6 \div 3}{18 \div 3} = \dfrac{2}{6}$

Lección 10: Usar el modelo de área y la división para demostrar la equivalencia entre dos fracciones.

©2017 Great Minds®. eureka-math.org

EUREKA MATH™

4. Usa la división para renombrar cada una de las siguientes fracciones. Dibuja un modelo de área si te ayuda. Ve si puedes usar el mayor factor común.

a. $\frac{6}{12}$

b. $\frac{4}{12}$

c. $\frac{8}{12}$

d. $\frac{12}{18}$

Lección 10:   Usar el modelo de área y la división para demostrar la equivalencia entre dos fracciones.

59

Esta página se dejó en blanco intencionalmente

Nombre _____ Fecha _____

1. Marca cada recta numérica con las fracciones que se muestran en el diagrama de cinta. Encierra en un círculo la fracción que marca el punto en la recta numérica que también identifica la parte sombreada en el diagrama de cinta.

a.

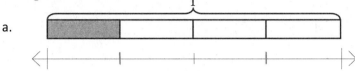

b.

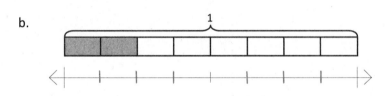

c.

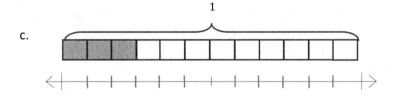

Lección 11: Explicar la equivalencia de fracciones usando un diagrama de cinta y la recta numérica y relacionarlas con el uso de la multiplicación y división.

©2017 Great Minds®. eureka-math.org

61

2. Escribe enunciados numéricos usando la multiplicación para mostrar que:

    a. La fracción representada en 1(a) es equivalente a la fracción representada en 1(b).

    b. La fracción representada en 1(a) es equivalente a la fracción representada en 1(c).

3. Usa cada diagrama de cinta sombreado como una regla para dibujar una recta numérica. Marca cada recta numérica con las unidades fraccionarias que se muestran en el diagrama de cinta y encierra en un círculo la fracción que marca el punto en la recta numérica que también identifica la parte sombreada en el diagrama de cinta.

    a.

    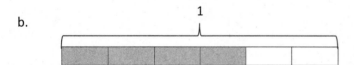

    b.

    c.

Lección 11: Explicar la equivalencia de fracciones usando un diagrama de cinta y la recta numérica y relacionarlas con el uso de la multiplicación y división.

©2017 Great Minds®. eureka-math.org

EUREKA MATH™

4. Escribe enunciados numéricos usando la división para mostrar que:

   a. La fracción representada en 3(a) es equivalente a la fracción representada en 3(b).

   b. La fracción representada en 3(a) es equivalente a la fracción representada en 3(c).

5. a. Divide en quintos una recta numérica de 0 a 1. Descompón $\frac{2}{5}$ en 4 longitudes iguales.

   b. Escribe un enunciado numérico usando la multiplicación para mostrar qué fracción representada en la recta numérica es equivalente a $\frac{2}{5}$.

   c. Escribe un enunciado numérico usando la división para mostrar qué fracción representada en la recta numérica es equivalente a $\frac{2}{5}$.

Esta página se dejó en blanco intencionalmente

Nombre _____ Fecha _____

1. Marca cada recta numérica con las fracciones que se muestran en el diagrama de cinta. Encierra en un círculo la fracción que marca el punto en la recta numérica que también identifica la parte sombreada en el diagrama de cinta.

   a.

   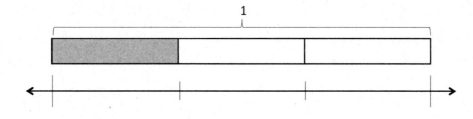

   b.

   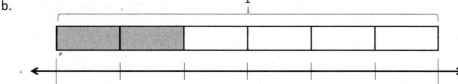

   c.

   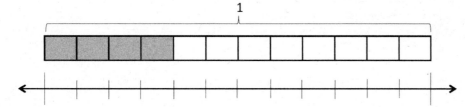

EUREKA MATH

Lección 11: Explicar la equivalencia de fracciones usando un diagrama de cinta y la recta numérica y relacionarlas con el uso de la multiplicación y división.

©2017 Great Minds®. eureka-math.org

65

2. Escribe enunciados numéricos usando la multiplicación para mostrar que:

   a. La fracción representada en 1(a) es equivalente a la fracción representada en 1(b).

   b. La fracción representada en 1(a) es equivalente a la fracción representada en 1(c).

3. Usa cada diagrama de cinta sombreado como una regla para dibujar una recta numérica. Marca cada recta numérica con las unidades fraccionarias que se muestran en el diagrama de cinta y encierra en un círculo la fracción que marca el punto en la recta numérica que también identifica la parte sombreada en el diagrama de cinta.

   a.

   b.

   c.

EUREKA
MATH™

4. Escribe un enunciado numérico usando la división para mostrar que la fracción representada en 3(a) es equivalente a la fracción representada en 3(b).

5. a. Divide en cuartos una recta numérica de 0 a 1. Descompón $\frac{3}{4}$ en 6 longitudes iguales.

    b. Escribe un enunciado numérico usando la multiplicación para mostrar qué fracción representada en la recta numérica es equivalente a $\frac{3}{4}$.

    c. Escribe un enunciado numérico usando la división para mostrar qué fracción representada en la recta numérica es equivalente a $\frac{3}{4}$

EUREKA MATH™

Lección 11:   Explicar la equivalencia de fracciones usando un diagrama de cinta y la recta numérica y relacionarlas con el uso de la multiplicación y división.

©2017 Great Minds®. eureka-math.org

67

Esta página se dejó en blanco intencionalmente

Nombre _____   Fecha _____

1. a. Grafica los siguientes puntos en la recta numérica sin medir.

i. $\frac{1}{3}$ ii. $\frac{5}{6}$ iii. $\frac{7}{12}$

b. Usa la recta numérica del inciso (a) para comparar las fracciones escribiendo <, > o = en las líneas.

i. $\frac{7}{12}$_____$\frac{1}{2}$ ii. $\frac{7}{12}$_____$\frac{5}{6}$

2. a. Grafica los siguientes puntos en la recta numérica sin medir.

i. $\frac{11}{12}$ ii. $\frac{1}{4}$ iii. $\frac{3}{8}$

b. Selecciona dos fracciones del inciso (a) y usa la recta numérica proporcionada para compararlas escribiendo <, >, o =.

c. Explica cómo graficaste los puntos en el inciso (a).

3. Compara las fracciones dadas escribiendo < o > en las líneas.

   Da una explicación breve de cada respuesta en relación con las referencias 0, $\frac{1}{2}$ y 1.

   a. $\frac{1}{2}$ _____ $\frac{3}{4}$

   b. $\frac{1}{2}$ _____ $\frac{7}{8}$

   c. $\frac{2}{3}$ _____ $\frac{2}{5}$

   d. $\frac{9}{10}$ _____ $\frac{3}{5}$

   e. $\frac{2}{3}$ _____ $\frac{7}{8}$

   f. $\frac{1}{3}$ _____ $\frac{2}{4}$

   g. $\frac{2}{3}$ _____ $\frac{5}{10}$

   h. $\frac{11}{12}$ _____ $\frac{2}{5}$

   i. $\frac{49}{100}$ _____ $\frac{51}{100}$

   j. $\frac{7}{16}$ _____ $\frac{51}{100}$

Lección 12: Razonar usando referencias para comparar dos fracciones en una recta numérica.

©2017 Great Minds®. eureka-math.org

EUREKA MATH

Nombre _____   Fecha _____

1. a. Grafica los siguientes puntos en la recta numérica sin medir.

    i. $\frac{2}{3}$ ii. $\frac{1}{6}$ iii. $\frac{4}{10}$

    b. Usa la recta numérica del inciso (a) para comparar las fracciones escribiendo <, > o = en las líneas.

    i. $\frac{2}{3}$ ——— $\frac{1}{2}$ ii. $\frac{4}{10}$ ——— $\frac{1}{6}$

2. a. Grafica los siguientes puntos en la recta numérica sin medir.

    i. $\frac{5}{12}$ ii. $\frac{3}{4}$ iii. $\frac{2}{6}$

    b. Selecciona dos fracciones del inciso (a) y usa la recta numérica proporcionada para compararlas escribiendo <, > o =.

    c. Explica cómo graficaste los puntos en el inciso (a).

3. Compara las fracciones dadas escribiendo < o > en las líneas.

   Explica brevemente cada respuesta usando las referencias $0, \frac{1}{2}$ y 1.

a. $\frac{1}{2}$ _____ $\frac{1}{4}$

b. $\frac{6}{8}$ _____ $\frac{1}{2}$

c. $\frac{3}{4}$ _____ $\frac{3}{5}$

d. $\frac{4}{6}$ _____ $\frac{9}{12}$

e. $\frac{2}{3}$ _____ $\frac{1}{4}$

f. $\frac{4}{5}$ _____ $\frac{8}{12}$

g. $\frac{1}{3}$ _____ $\frac{3}{6}$

h. $\frac{7}{8}$ _____ $\frac{3}{5}$

i. $\frac{51}{100}$ _____ $\frac{5}{10}$

j. $\frac{8}{14}$ _____ $\frac{49}{100}$

Lección 12: Razonar usando referencias para comparar dos fracciones en una recta numérica.

©2017 Great Minds®. eureka-math.org

EUREKA MATH

Ejercicio

Desarrollo del concepto

1.

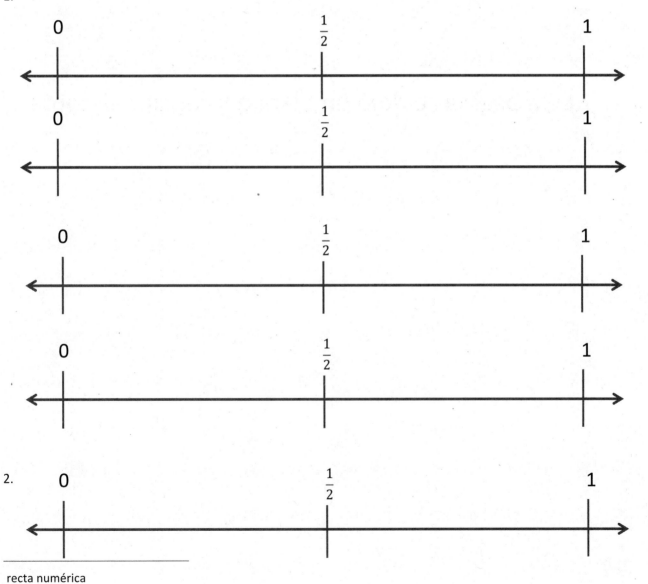

2.

recta numérica

Esta página se dejó en blanco intencionalmente

Nombre _____   Fecha _____

1. Coloca las siguientes fracciones en la recta numérica proporcionada.

   a. $\frac{4}{3}$ b. $\frac{11}{6}$ c. $\frac{17}{12}$

$$1 \qquad\qquad\qquad 1\frac{1}{2} \qquad\qquad\qquad 2$$

2. Usa la recta numérica del Problema 1 para comparar las fracciones escribiendo <, > o = en las líneas.

   a. $1\frac{5}{6}$ _____ $1\frac{5}{12}$ b. $1\frac{1}{3}$ _____ $1\frac{5}{12}$

3. Coloca las siguientes fracciones en la recta numérica proporcionada.

   a. $\frac{11}{8}$ b. $\frac{7}{4}$ c. $\frac{15}{12}$

$$1 \qquad\qquad\qquad 1\frac{1}{2} \qquad\qquad\qquad 2$$

4. Usa la recta numérica del Problema 3 para explicar el razonamiento que usaste para determinar si $\frac{11}{8}$ o $\frac{15}{12}$ son mayores.

EUREKA
MATH

Lección 13:   Razonar usando referencias para comparar dos fracciones en una recta
                numérica.

©2017 Great Minds®. eureka-math.org

75

5. Compara las fracciones dadas abajo escribiendo < o > en las líneas. Explica brevemente cada respuesta usando las fracciones de referencia.

a. $\frac{3}{8}$ —————— $\frac{7}{12}$

b. $\frac{5}{12}$ —————— $\frac{7}{8}$

c. $\frac{8}{6}$ —————— $\frac{11}{12}$

d. $\frac{5}{12}$ —————— $\frac{1}{3}$

e. $\frac{7}{5}$ —————— $\frac{11}{10}$

f. $\frac{5}{4}$ —————— $\frac{7}{8}$

g. $\frac{13}{12}$ —————— $\frac{9}{10}$

h. $\frac{6}{8}$ —————— $\frac{5}{4}$

i. $\frac{8}{12}$ —————— $\frac{8}{4}$

j. $\frac{7}{5}$ —————— $\frac{16}{10}$

Lección 13: Razonar usando referencias para comparar dos fracciones en una recta numérica.

©2017 Great Minds®. eureka-math.org

EUREKA
MATH™

Nombre _____   Fecha _____

1. Coloca las siguientes fracciones en la recta numérica proporcionada.

a. $\frac{3}{2}$ b. $\frac{9}{5}$ c. $\frac{14}{10}$

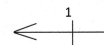

2. Usa la recta numérica del Problema 1 para comparar las fracciones escribiendo <, > o = en las líneas.

a. $1\frac{1}{6}$ _____ $1\frac{4}{12}$ b. $1\frac{1}{2}$ _____ $1\frac{4}{5}$

3. Coloca las siguientes fracciones en la recta numérica proporcionada.

a. $\frac{12}{9}$ b. $\frac{6}{5}$ c. $\frac{18}{15}$

4. Usa la recta numérica del Problema 3 para explicar el razonamiento que usaste para determinar si $\frac{12}{9}$ o $\frac{18}{15}$ son mayores.

EUREKA
MATH™

Lección 13:   Razonar usando referencias para comparar dos fracciones en una recta numérica.

©2017 Great Minds®. eureka-math.org

77

5. Compara las fracciones dadas abajo escribiendo < o > en las líneas. Explica brevemente cada respuesta usando las fracciones de referencia.

a. $\frac{2}{5}$ _____ $\frac{6}{8}$

b. $\frac{6}{10}$ _____ $\frac{5}{6}$

c. $\frac{6}{4}$ _____ $\frac{7}{8}$

d. $\frac{1}{4}$ _____ $\frac{8}{12}$

e. $\frac{14}{12}$ _____ $\frac{11}{6}$

f. $\frac{8}{9}$ _____ $\frac{3}{2}$

g. $\frac{7}{8}$ _____ $\frac{11}{10}$

h. $\frac{3}{4}$ _____ $\frac{4}{3}$

i. $\frac{3}{8}$ _____ $\frac{3}{2}$

j. $\frac{9}{6}$ _____ $\frac{16}{12}$

Lección 13:   Razonar usando referencias para comparar dos fracciones en una recta numérica.

©2017 Great Minds®. eureka-math.org

EUREKA
MATH™

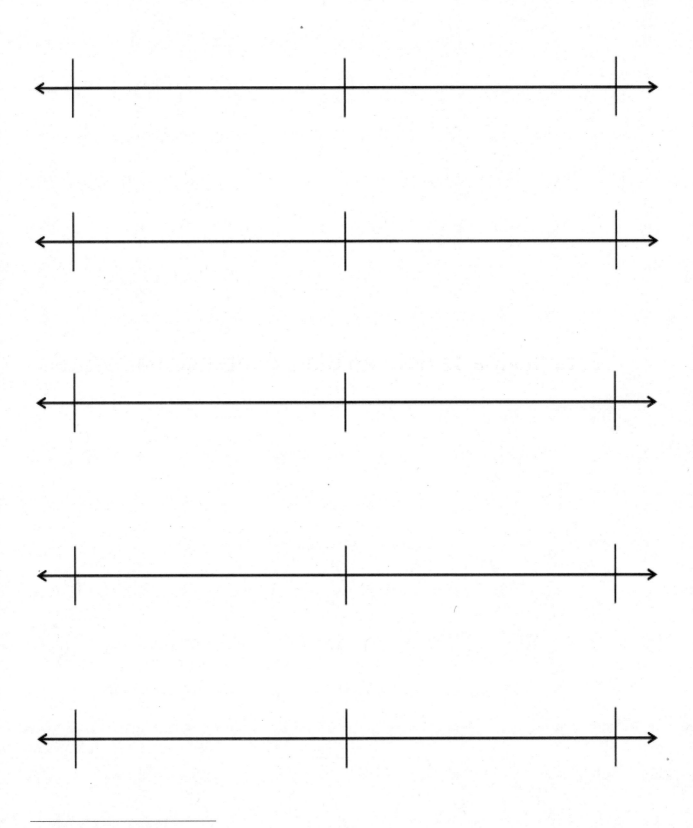

rectas númericas negras con punto medio

Lección 13:   Razonar usando referencias para comparar dos fracciones en una recta
numérica.

79

©2017 Great Minds®. eureka-math.org

Esta página se dejó en blanco intencionalmente

Nombre _____   Fecha _____

1. Compara los pares de fracciones razonando acerca del tamaño de las unidades. Usa >, < o =.

    a. 1 cuarto _____ 1 quinto

    b. 3 cuartos _____ 3 quintos

    c. 1 décima _____ 1 doceavo

    d. 7 décimas _____ 7 doceavos

2. Compara razonando acerca de los siguientes pares de fracciones con numeradores iguales o relacionados. Usa >, < o =. Explica tu razonamiento usando palabras, imágenes o números. El Problema 2(b) ya está resuelto.

    a. $\frac{3}{5}$ _____ $\frac{3}{4}$

    b. $\frac{2}{5} < \frac{4}{9}$

    porque $\frac{2}{5} = \frac{4}{10}$

    4 décimas es menor que 4 novenos porque las décimas son menores los novenos.

    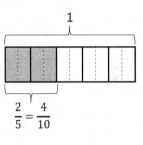

    $\frac{2}{5} = \frac{4}{10}$

    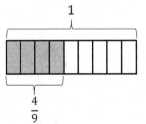

    $\frac{4}{9}$

    c. $\frac{7}{11}$ _____ $\frac{7}{13}$

    d. $\frac{6}{7}$ _____ $\frac{12}{15}$

EUREKA MATH™

Lección 14:   Encontrar unidades o cantidades de unidades comunes para comparar dos fracciones.

©2017 Great Minds®. eureka-math.org

81

3. Dibuja dos diagramas de cinta para representar cada uno de los siguientes pares de fracciones con denominadores relacionados. Usa >, < o = para comparar.

a. $\frac{2}{3}$ ____ $\frac{5}{6}$

b. $\frac{3}{4}$ ____ $\frac{7}{8}$

c. $1\frac{3}{4}$ ____ $1\frac{7}{12}$

©2017 Great Minds®. eureka-math.org

EUREKA MATH

4. Dibuja una recta numérica para representar cada par de fracciones con denominadores relacionados. Usa >, < o = para comparar.

a. $\frac{2}{3}$ _____ $\frac{5}{6}$

b. $\frac{3}{8}$ _____ $\frac{1}{4}$

c. $\frac{2}{6}$ _____ $\frac{5}{12}$

d. $\frac{8}{9}$ _____ $\frac{2}{3}$

5. Compara cada par de fracciones usando >, < o =. Si quieres, dibuja una representación.

a. $\frac{3}{4}$ _____ $\frac{3}{7}$

b. $\frac{4}{5}$ _____ $\frac{8}{12}$

c. $\frac{7}{10}$ _____ $\frac{3}{5}$

d. $\frac{2}{3}$ _____ $\frac{11}{15}$

e. $\frac{3}{4}$ _____ $\frac{11}{12}$

f. $\frac{7}{3}$ _____ $\frac{7}{4}$

g. $1\frac{1}{3}$ _____ $1\frac{2}{9}$

h. $1\frac{2}{3}$ _____ $1\frac{4}{7}$

6. Timmy hizo el dibujo de la derecha y dice que $\frac{2}{3}$ es menor que $\frac{7}{12}$. Evan dice que cree que $\frac{2}{3}$ es mayor que $\frac{7}{12}$. ¿Quién tiene la razón? Justifica tu respuesta con un dibujo.

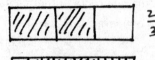

Lección 14:   Encontrar unidades o cantidades de unidades comunes para comparar dos fracciones.

©2017 Great Minds®. eureka-math.org

EUREKA
MATH

Nombre _____   Fecha _____

1. Compara los pares de fracciones razonando acerca del tamaño de las unidades. Usa >, < o =.

    a. 1 tercio _____ 1 sexto   b. 2 medios _____ 2 tercios

    c. 2 cuartos _____ 2 sextos   d. 5 octavos _____ 5 décimas

2. Compara razonando acerca de los siguientes pares de fracciones con numeradores iguales o relacionados.
    Usa >, < o =. Explica tu razonamiento usando palabras, imágenes o números. El Problema 2(b) ya está
    resuelto.

    a. $\dfrac{3}{6}$ _____ $\dfrac{3}{7}$

    b. $\dfrac{2}{5} < \dfrac{4}{9}$

        porque $\dfrac{2}{5} = \dfrac{4}{10}$

        4 décimas es menor
        que 4 novenos porque
        las décimas son menores
        que los novenos.

    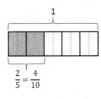

    $\dfrac{2}{5} = \dfrac{4}{10}$

    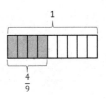

    $\dfrac{4}{9}$

    c. $\dfrac{3}{11}$ _____ $\dfrac{3}{13}$ d. $\dfrac{5}{7}$ _____ $\dfrac{10}{13}$

EUREKA MATH™   Lección 14:   Encontrar unidades o cantidades de unidades comunes para comparar   85
                                   dos fracciones.

©2017 Great Minds®. eureka-math.org

3. Dibuja dos diagramas de cinta para representar cada uno de los siguientes pares de fracciones con denominadores relacionados. Usa >, < o = para comparar.

a. $\dfrac{3}{4}$ _____ $\dfrac{7}{12}$

b. $\dfrac{2}{4}$ _____ $\dfrac{1}{8}$

c. $1\dfrac{4}{10}$ _____ $1\dfrac{3}{5}$

Lección 14: Encontrar unidades o cantidades de unidades comunes para comparar dos fracciones.

©2017 Great Minds®. eureka-math.org

EUREKA
MATH

4. Dibuja una recta numérica para representar cada par de fracciones con denominadores relacionados. Usa >, < o = para comparar.

    a. $\dfrac{3}{4}$ _____ $\dfrac{5}{8}$

    b. $\dfrac{11}{12}$ _____ $\dfrac{3}{4}$

    c. $\dfrac{4}{5}$ _____ $\dfrac{7}{10}$

    d. $\dfrac{8}{9}$ _____ $\dfrac{2}{3}$

5. Compara cada par de fracciones usando >, < o =. Si quieres, dibuja una representación.

    a. $\dfrac{1}{7}$ _____ $\dfrac{2}{7}$

    b. $\dfrac{5}{7}$ _____ $\dfrac{11}{14}$

    c. $\dfrac{7}{10}$ _____ $\dfrac{3}{5}$

    d. $\dfrac{2}{3}$ _____ $\dfrac{9}{15}$

    e. $\dfrac{3}{4}$ _____ $\dfrac{9}{12}$

    f. $\dfrac{5}{3}$ _____ $\dfrac{5}{2}$

EUREKA MATH™

Lección 14:   Encontrar unidades o cantidades de unidades comunes para comparar
dos fracciones.

©2017 Great Minds®. eureka-math.org

87

6. Simón dice que $\frac{4}{9}$ es mayor que $\frac{1}{3}$. Ted cree que $\frac{4}{9}$ es menor que $\frac{1}{3}$. ¿Quién tiene la razón? Justifica tu respuesta con un dibujo.

Lección 14:   Encontrar unidades o cantidades de unidades comunes para comparar
dos fracciones.

©2017 Great Minds®. eureka-math.org

EUREKA
MATH™

Nombre _____   Fecha _____

1. Dibuja un modelo de área para cada par de fracciones y úsalos para comparar las dos fracciones escribiendo >, < o = en la línea. Los dos primeros están resueltos parcialmente. Cada rectángulo representa 1.

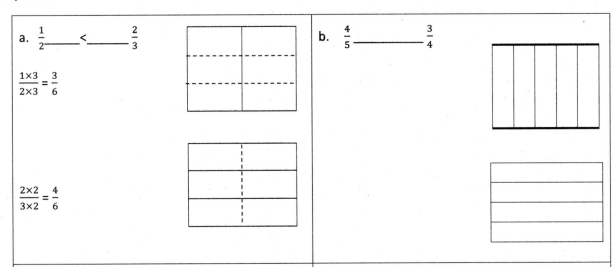

a. $\dfrac{1}{2}$ _____ < _____ $\dfrac{2}{3}$

$\dfrac{1\times3}{2\times3} = \dfrac{3}{6}$

$\dfrac{2\times2}{3\times2} = \dfrac{4}{6}$

b. $\dfrac{4}{5}$ _____ $\dfrac{3}{4}$

c. $\dfrac{3}{5}$ _____ $\dfrac{4}{7}$

d. $\dfrac{3}{7}$ _____ $\dfrac{2}{6}$

e. $\dfrac{5}{8}$ _____ $\dfrac{6}{9}$

f. $\dfrac{2}{3}$ _____ $\dfrac{3}{4}$

Lección 15:   Encontrar unidades o cantidades de unidades comunes para comparar dos fracciones.

89

2. Renombra las fracciones si es necesario, usa la multiplicación para comparar cada par de fracciones escribiendo >, < o =.

a. $\dfrac{3}{5}$ _____ $\dfrac{5}{6}$

b. $\dfrac{2}{6}$ _____ $\dfrac{3}{8}$

c. $\dfrac{7}{5}$ _____ $\dfrac{10}{8}$

d. $\dfrac{4}{3}$ _____ $\dfrac{6}{5}$

3. Usa cualquier método para comparar las fracciones. Registra tu respuesta usando >, <, o =.

a. $\dfrac{3}{4}$ _____ $\dfrac{7}{8}$

b. $\dfrac{6}{8}$ _____ $\dfrac{3}{5}$

c. $\dfrac{6}{4}$ _____ $\dfrac{8}{6}$

d. $\dfrac{8}{5}$ _____ $\dfrac{9}{6}$

Lección 15: Encontrar unidades o cantidades de unidades comunes para comparar dos fracciones.

©2017 Great Minds®. eureka-math.org

EUREKA MATH

4. Explica dos maneras que has aprendido para comparar fracciones. Proporciona evidencia usando palabras, imágenes o números.

Lección 15:   Encontrar unidades o cantidades de unidades comunes para comparar   91
                dos fracciones.

©2017 Great Minds®. eureka-math.org

Esta página se dejó en blanco intencionalmente

Nombre _____   Fecha _____

1. Dibuja un modelo de área para cada par de fracciones y úsalos para comparar las dos fracciones escribiendo>, < o = en la línea. Los dos primeros están resueltos parcialmente. Cada rectángulo representa 1.

a. $\frac{1}{2}$ ___ < ___ $\frac{3}{5}$

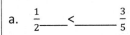

$\frac{1\times5}{2\times5} = \frac{5}{10} \quad \frac{3\times2}{5\times2} = \frac{6}{10}$

$\frac{5}{10} < \frac{6}{10}$, por lo tanto,
$\frac{1}{2} < \frac{3}{5}$

b. $\frac{2}{3}$ _____ $\frac{3}{4}$

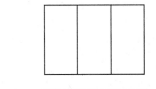

c. $\frac{4}{6}$ _____ $\frac{5}{8}$

d. $\frac{2}{7}$ _____ $\frac{3}{5}$

e. $\frac{4}{6}$ _____ $\frac{6}{9}$

f. $\frac{4}{5}$ _____ $\frac{5}{6}$

Lección 15:   Encontrar unidades o cantidades de unidades comunes para comparar   93
dos fracciones.

©2017 Great Minds®. eureka-math.org

2. Renombra las fracciones si es necesario, usa la multiplicación para comparar cada par de fracciones escribiendo >, < o =.

a. $\dfrac{2}{3}$ _____ $\dfrac{2}{4}$

b. $\dfrac{4}{7}$ _____ $\dfrac{1}{2}$

c. $\dfrac{5}{4}$ _____ $\dfrac{9}{8}$

d. $\dfrac{8}{12}$ _____ $\dfrac{5}{8}$

3. Usa cualquier método para comparar las fracciones. Registra tu respuesta usando >, <, o =.

a. $\dfrac{8}{9}$ _____ $\dfrac{2}{3}$

b. $\dfrac{4}{7}$ _____ $\dfrac{4}{5}$

c. $\dfrac{3}{2}$ _____ $\dfrac{9}{6}$

d. $\dfrac{11}{7}$ _____ $\dfrac{5}{3}$

Lección 15: Encontrar unidades o cantidades de unidades comunes para comparar dos fracciones.

EUREKA MATH™

4. Explica qué método prefieres usar para comparar fracciones. Proporciona un ejemplo usando palabras, imágenes o números.

Lección 15:   Encontrar unidades o cantidades de unidades comunes para comparar
                  dos fracciones.

95

©2017 Great Minds®. **eureka-math.org**

Esta página se dejó en blanco intencionalmente

Nombre _____   Fecha _____

1. Resuelve.

    a. 3 quintos – 1 quinto = _____   b. 5 quintos – 3 quintos = _____

    c. 3 medios – 2 medios = _____   d. 6 cuartos – 3 cuartos = _____

2. Resuelve.

    a. $\frac{5}{6} - \frac{3}{6}$ b. $\frac{6}{8} - \frac{4}{8}$

    c. $\frac{3}{10} - \frac{3}{10}$ d. $\frac{5}{5} - \frac{4}{5}$

    e. $\frac{5}{4} - \frac{4}{4}$ f. $\frac{5}{4} - \frac{3}{4}$

3. Resuelve. Usa un vínculo numérico para mostrar cómo convertir la diferencia en un número mixto. El Problema (a) ya está resuelto.

    a. $\frac{12}{8} - \frac{3}{8} = \frac{9}{8} = 1\frac{1}{8}$ b. $\frac{12}{6} - \frac{5}{6}$

        $\frac{8}{8}$ $\frac{1}{8}$

    c. $\frac{9}{5} - \frac{3}{5}$ d. $\frac{14}{8} - \frac{3}{8}$

    e. $\frac{8}{4} - \frac{2}{4}$ f. $\frac{15}{10} - \frac{3}{10}$

4. Resuelve. Escribe la suma en forma de unidades.

    a. 2 cuartos + 1 cuarto = _____

    b. 4 quintos + 3 quintos = _____

5. Resuelve.

    a. $\frac{2}{8} + \frac{5}{8}$

    b. $\frac{4}{12} + \frac{5}{12}$

6. Resuelve. Usa un vínculo numérico para descomponer la suma. Registra tu respuesta final como un número mixto.
El Problema (a) ya está resuelto.

    a. $\frac{3}{5} + \frac{4}{5} = \frac{7}{5} = 1\frac{2}{5}$

    $\frac{5}{5}$ $\frac{2}{5}$

    b. $\frac{4}{4} + \frac{3}{4}$

    c. $\frac{6}{9} + \frac{6}{9}$

    d. $\frac{7}{10} + \frac{6}{10}$

    e. $\frac{5}{6} + \frac{7}{6}$

    f. $\frac{9}{8} + \frac{5}{8}$

7. Resuelve. Usa una recta numérica para representar tu respuesta.

    a. $\frac{7}{4} - \frac{5}{4}$

    b. $\frac{5}{4} + \frac{2}{4}$

©2017 Great Minds®. eureka-math.org

EUREKA MATH

Nombre _____   Fecha _____

1. Resuelve.

    a. 3 sextos - 2 sextos = _____

    b. 5 décimas - 3 décimas = _____

    c. 3 cuartos - 2 cuartos = _____

    d. 5 tercios - 2 tercios = _____

2. Resuelve.

    a. $\frac{3}{5} - \frac{2}{5}$

    b. $\frac{7}{9} - \frac{3}{9}$

    c. $\frac{7}{12} - \frac{3}{12}$

    d. $\frac{6}{6} - \frac{4}{6}$

    e. $\frac{5}{3} - \frac{2}{3}$

    f. $\frac{7}{4} - \frac{5}{4}$

3. Resuelve. Usa un vínculo numérico para descomponer la diferencia. Registra tu respuesta final como un número mixto. El Problema (a) ya está resuelto.

    a. $\frac{12}{6} - \frac{3}{6} = \frac{9}{6} = 1\frac{3}{6}$

    b. $\frac{17}{8} - \frac{6}{8}$

    c. $\frac{9}{5} - \frac{3}{5}$

    d. $\frac{11}{4} - \frac{6}{4}$

    e. $\frac{10}{7} - \frac{2}{7}$

    f. $\frac{21}{10} - \frac{9}{10}$

EUREKA MATH™

Lección 16:   Usar representaciones visuales para sumar y restar dos fracciones con las mismas unidades.

©2017 Great Minds®. eureka-math.org

99

4. Resuelve. Escribe la suma en forma de unidades.

   a. 4 quintos + 2 quintos = _____

   b. 5 octavos + 2 octavos = _____

5. Resuelve.

   a. $\frac{3}{11} + \frac{6}{11}$

   b. $\frac{3}{10} + \frac{6}{10}$

6. Resuelve. Usa un vínculo numérico para descomponer la suma. **Registra tu respuesta final como un número mixto** .

   a. $\frac{3}{4} + \frac{3}{4}$

   b. $\frac{8}{12} + \frac{6}{12}$

   c. $\frac{5}{8} + \frac{7}{8}$

   d. $\frac{8}{10} + \frac{5}{10}$

   e. $\frac{3}{5} + \frac{6}{5}$

   f. $\frac{4}{3} + \frac{2}{3}$

7. Resuelve. Usa una recta numérica para representar tu respuesta.

   a. $\frac{11}{9} - \frac{5}{9}$

   b. $\frac{13}{12} + \frac{4}{12}$

Lección 16:   Usar representaciones visuales para sumar y restar dos fracciones con las mismas unidades.

©2017 Great Minds®. eureka-math.org

EUREKA
MATH™

Nombre _____ Fecha _____

EUREKA MATH™

Lección 16: Usar representaciones visuales para sumar y restar dos fracciones con las mismas unidades.

101

©2017 Great Minds®. **eureka-math.org**

Esta página se dejó en blanco intencionalmente

Nombre _____ Fecha _____

1. Usa las siguientes tres fracciones para escribir dos enunciados numéricos de resta y dos de suma.

a. $\dfrac{8}{5}, \dfrac{2}{5}, \dfrac{10}{5}$	b. $\dfrac{15}{8}, \dfrac{7}{8}, \dfrac{8}{8}$

2. Resuelve. Representa cada problema de resta con una recta numérica y resuelve contando y restando. El inciso (a) ya está resuelto.

a. $1 - \dfrac{3}{4}$

$$\frac{4}{4} - \frac{3}{4} = \frac{1}{4}$$

b. $1 - \dfrac{8}{10}$

c. $1 - \dfrac{3}{5}$

d. $1 - \dfrac{5}{8}$

e. $1\dfrac{2}{10} - \dfrac{7}{10}$

f. $1\dfrac{1}{5} - \dfrac{3}{5}$

EUREKA MATH **Lección 17:** Usar representaciones visuales para sumar y restar dos fracciones con las mismas unidades, incluyendo restar de un entero. 103

©2017 Great Minds®. eureka-math.org

3. Encuentra la diferencia de dos maneras diferentes. Usa vínculos numéricos para descomponer el total. El inciso (a) ya está resuelto.

a. $1\frac{2}{5} - \frac{4}{5}$

$\frac{5}{5} \qquad \frac{2}{5}$

$\frac{5}{5} + \frac{2}{5} = \frac{7}{5}$

$\frac{7}{5} - \frac{4}{5} = \boxed{\frac{3}{5}}$

$\frac{5}{5} - \frac{4}{5} = \frac{1}{5}$

$\frac{1}{5} + \frac{2}{5} = \boxed{\frac{3}{5}}$

b. $1\frac{3}{6} - \frac{4}{6}$

c. $1\frac{6}{8} - \frac{7}{8}$

d. $1\frac{1}{10} - \frac{7}{10}$

e. $1\frac{3}{12} - \frac{6}{12}$

Lección 17: Usar representaciones visuales para sumar y restar dos fracciones con las mismas unidades, incluyendo restar de un entero.

EUREKA
MATH™

Nombre _____ Fecha _____

1. Usa las siguientes tres fracciones para escribir dos enunciados numéricos de resta y dos de suma.

a. $\frac{5}{6}, \frac{4}{6}, \frac{9}{6}$

b. $\frac{5}{9}, \frac{13}{9}, \frac{8}{9}$

2. Resuelve. Representa cada problema de resta con una recta numérica y resuelve contando y restando.

a. $1 - \frac{5}{8}$

b. $1 - \frac{2}{5}$

c. $1\frac{3}{6} - \frac{5}{6}$

d. $1 - \frac{1}{4}$

e. $1\frac{1}{3} - \frac{2}{3}$

f. $1\frac{1}{5} - \frac{2}{5}$

3. Encuentra la diferencia de dos maneras diferentes. Usa vínculos numéricos para descomponer el total. El inciso (a) ya está resuelto.

a. $1\frac{2}{5} - \frac{4}{5}$

$$\frac{5}{5} + \frac{2}{5} = \frac{7}{5}$$

$$\frac{7}{5} - \frac{4}{5} = \boxed{\frac{3}{5}}$$

$$\frac{5}{5} - \frac{4}{5} = \frac{1}{5}$$

$$\frac{1}{5} + \frac{2}{5} = \boxed{\frac{3}{5}}$$

$\frac{5}{5}$ $\frac{2}{5}$

b. $1\frac{3}{8} - \frac{7}{8}$

c. $1\frac{1}{4} - \frac{3}{4}$

d. $1\frac{2}{7} - \frac{5}{7}$

e. $1\frac{3}{10} - \frac{7}{10}$

Lección 17:   Usar representaciones visuales para sumar y restar dos fracciones con las mismas unidades, incluyendo restar de un entero.

EUREKA MATH

Nombre _____   Fecha _____

Problema A:	$\frac{1}{8} + \frac{3}{8} + \frac{4}{8}$	

Problema B:	$\frac{1}{6} + \frac{4}{6} + \frac{2}{6}$	

Problema C:	$\frac{11}{10} - \frac{4}{10} - \frac{1}{10}$	

sumar y restar fracciones

Problema D:	$1 - \dfrac{3}{12} - \dfrac{5}{12}$	

Problema E:	$\dfrac{5}{8} + \dfrac{4}{8} + \dfrac{1}{8}$	

Problema F:	$1\dfrac{1}{5} - \dfrac{2}{5} - \dfrac{3}{5}$	

sumar y restar fracciones

EUREKA
MATH™

Nombre _____   Fecha _____

1. Muestra una manera de resolver cada problema. Cuando sea posible, expresa las sumas y restas como un número mixto. Si te ayuda, usa vínculos numéricos. El inciso (a) está resuelto parcialmente.

a. $\frac{2}{5} + \frac{3}{5} + \frac{1}{5}$ $= \frac{5}{5} + \frac{1}{5} = 1 + \frac{1}{5}$ $=$_____	b. $\frac{3}{6} + \frac{1}{6} + \frac{3}{6}$	c. $\frac{5}{7} + \frac{7}{7} + \frac{2}{7}$
d. $\frac{7}{8} - \frac{3}{8} - \frac{1}{8}$	e. $\frac{7}{9} + \frac{1}{9} + \frac{4}{9}$	f. $\frac{4}{10} + \frac{11}{10} + \frac{5}{10}$
g. $1 - \frac{3}{12} - \frac{4}{12}$	h. $1\frac{2}{3} - \frac{1}{3} - \frac{1}{3}$	i. $\frac{10}{12} + \frac{5}{12} + \frac{2}{12} + \frac{7}{12}$

2. Mónica y Stuart usaron diferentes estrategias para resolver $\frac{5}{8} + \frac{2}{8} + \frac{5}{8}$.

Estrategia de Mónica	**Estrategia de Stuart**

$$\frac{5}{8} + \frac{2}{8} + \frac{5}{8} = \frac{7}{8} + \frac{5}{8} = \frac{8}{8} + \frac{4}{8} = 1\frac{4}{8}$$

$$\frac{1}{8} \quad \frac{4}{8}$$

$$\frac{5}{8} + \frac{2}{8} + \frac{5}{8} = \frac{12}{8} = 1 + \frac{4}{8} = 1\frac{4}{8}$$

$$\frac{8}{8} \quad \frac{4}{8}$$

¿Qué estrategia te gusta más? ¿Por qué?

3. Tú diste una solución para cada inciso del Problema 1. Ahora, para cada uno de los siguientes problemas, da un método de solución diferente.

1(c) $\frac{5}{7} + \frac{7}{7} + \frac{2}{7}$

1(f) $\frac{4}{10} + \frac{11}{10} + \frac{5}{10}$

1(g) $1 - \frac{3}{12} - \frac{4}{12}$

Lección 18:   Sumar y restar más de dos fracciones.

EUREKA MATH™

Nombre _____ Fecha _____

1. Muestra una manera de resolver cada problema. Cuando sea posible, expresa las sumas y restas como un número mixto. Si te ayuda, usa vínculos numéricos. El inciso (a) está resuelto parcialmente.

a. $\frac{1}{3} + \frac{2}{3} + \frac{1}{3}$ $= \frac{3}{3} + \frac{1}{3} = 1 + \frac{1}{3}$ $= $ _____	b. $\frac{5}{8} + \frac{5}{8} + \frac{3}{8}$	c. $\frac{4}{6} + \frac{6}{6} + \frac{1}{6}$
d. $1\frac{2}{12} - \frac{2}{12} - \frac{1}{12}$	e. $\frac{5}{7} + \frac{1}{7} + \frac{4}{7}$	f. $\frac{4}{10} + \frac{7}{10} + \frac{9}{10}$
g. $1 - \frac{3}{10} - \frac{1}{10}$	h. $1\frac{3}{5} - \frac{4}{5} - \frac{1}{5}$	i. $\frac{10}{15} + \frac{7}{15} + \frac{12}{15} + \frac{1}{15}$

EUREKA MATH™

©2017 Great Minds®. eureka-math.org

2. Bonnie usó dos estrategias diferentes para resolver $\frac{5}{10} + \frac{4}{10} + \frac{3}{10}$.

Primera estrategia de Bonnie

$$\frac{5}{10} + \frac{4}{10} + \frac{3}{10} = \frac{9}{10} + \frac{3}{10} = \frac{10}{10} + \frac{2}{10} = 1\frac{2}{10}$$

$$\frac{1}{10} \quad \frac{2}{10}$$

Segunda estrategia de Bonnie

$$\frac{5}{10} + \frac{4}{10} + \frac{3}{10} = \frac{12}{10} = 1 + \frac{2}{10} = 1\frac{2}{10}$$

$$\frac{10}{10} \quad \frac{2}{10}$$

¿Qué estrategia te gusta más? ¿Por qué?

3. Tú diste una solución para cada inciso del Problema 1. Ahora, para cada uno de los siguientes problemas, da un método de solución diferente.

1(b) $\frac{5}{8} + \frac{5}{8} + \frac{3}{8}$

1(e) $\frac{5}{7} + \frac{1}{7} + \frac{4}{7}$

1(h) $1\frac{3}{5} - \frac{4}{5} - \frac{1}{5}$

EUREKA MATH™

Nombre _____ Fecha _____

Usa el proceso LDE para resolver los **problemas.**

1. Sue corrió $\frac{9}{10}$ de milla el lunes y $\frac{7}{10}$ de milla el martes. ¿Cuántas millas corrió Sue en los 2 días?

2. El Sr. Salazar cortó el pastel de **cumpleaños de su hijo en 8 rebanadas iguales.** El Sr. Salazar, la Sra. Salazar y el niño del cumpleaños se **comieron 1 rebanada de pastel** cada uno. ¿Qué fracción del pastel sobró?

3. María gastó $\frac{4}{7}$ de su dinero en un **libro y ahorró el resto.** ¿Qué fracción de su dinero ahorró María?

Lección 19:   Resolver problemas escritos que involucran la suma y resta de fracciones.

113

©2017 Great Minds®. eureka-math.org

4. La Sra. Jones tenía $1\frac{4}{8}$ de pizza después de la fiesta. Después de darle algo a Gary, le quedaron $\frac{7}{8}$ de pizza. ¿Qué fracción de una pizza le dio a Gary?

5. Un panadero tenía 2 charolas de pan de maíz. Sirvió $1\frac{1}{4}$ charolas. ¿Qué fracción sobró?

6. Marius combinó $\frac{4}{8}$ de galón de limonada, $\frac{3}{8}$ de galón de jugo de arándanos y $\frac{6}{8}$ de galón de agua mineral para hacer el ponche para una fiesta. ¿Cuántos galones de ponche hizo en total?

Lección 19:   Resolver problemas escritos que involucran la suma y resta de fracciones.

©2017 Great Minds®. eureka-math.org

EUREKA MATH™

Nombre _____ Fecha _____

Usa el proceso LDE para resolver los problemas.

1. El miércoles, Isla caminó $\frac{3}{4}$ de milla en cada sentido para ir y regresar de la escuela. ¿Cuántas millas caminó Isla ese día?

2. Zach pasó $\frac{2}{3}$ de hora leyendo el viernes y $1\frac{1}{3}$ horas leyendo el sábado. ¿Cuánto tiempo más leyó el sábado que el viernes?

3. La Sra. Cashmore compró un melón grande. Cortó una pieza que pesó $1\frac{1}{8}$ libras y se la dio a su vecina. La pieza restante del melón pesó $\frac{6}{8}$ libras. ¿Cuánto pesaba el melón entero?

Lección 19:   Resolver problemas escritos que involucran la suma y resta de fracciones.

115

©2017 Great Minds®. eureka-math.org

4. La hermana pequeña de Ally quería ayudar a hacer galletas de avena. Primero, puso $\frac{5}{8}$ de taza de avena en el tazón. Luego, agregó otros $\frac{5}{8}$ de taza de avena. Finalmente, agregó otros $\frac{5}{8}$ de taza de avena. ¿Cuánta avena puso en el tazón?

5. Marcia horneó 2 charolas de brownies. Su familia se comió $1\frac{5}{6}$ charolas. ¿Qué fracción de una charola de brownies sobró?

6. Joanie escribió una carta que tenía $1\frac{1}{4}$ páginas. Katie escribió una carta que tenía $\frac{3}{4}$ de página menos que la carta de Joanie. ¿Cuántas páginas tenía la carta de Katie?

Lección 19: Resolver problemas escritos que involucran la suma y resta de fracciones.

©2017 Great Minds®. eureka-math.org

Nombre _____ Fecha _____

1. Usa un diagrama de cinta para representar cada sumando. Descompón uno de los diagramas de cinta para hacer unidades similares. Luego, escribe el enunciado numérico completo. El inciso (a) está resuelto parcialmente.

a. $\frac{1}{4} + \frac{1}{8}$

b. $\frac{1}{4} + \frac{1}{12}$

 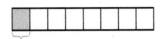

$$\frac{}{8} + \frac{}{8} = \frac{}{8}$$

c. $\frac{2}{6} + \frac{1}{3}$

d. $\frac{1}{2} + \frac{3}{8}$

e. $\frac{3}{10} + \frac{3}{5}$

f. $\frac{2}{3} + \frac{2}{9}$

EUREKA MATH™

Lección 20: Usar representaciones visuales para sumar dos fracciones con unidades relacionadas usando los denominadores 2, 3, 4, 5, 6, 8, 10 y 12.

©2017 Great Minds®. eureka-math.org

2. Haz una estimación para determinar si la suma está entre 0 y 1 o entre 1 y 2. Dibuja una recta numérica para representar la suma. Luego, escribe un enunciado numérico completo. El inciso (a) ya está resuelto.

a. $\frac{1}{2} + \frac{1}{4}$ $\qquad$ $\frac{2}{4} + \frac{1}{4} = \frac{3}{4}$

b. $\frac{1}{2} + \frac{4}{10}$

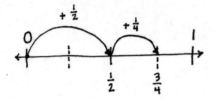

c. $\frac{6}{10} + \frac{1}{2}$

d. $\frac{2}{3} + \frac{3}{6}$

e. $\frac{3}{4} + \frac{6}{8}$

f. $\frac{4}{10} + \frac{6}{5}$

3. Resuelve el siguiente problema de suma sin dibujar una representación. Muestra tu trabajo.

$$\frac{2}{3} + \frac{4}{6}$$

Lección 20: Usar representaciones visuales para sumar dos fracciones con unidades relacionadas usando los denominadores 2, 3, 4, 5, 6, 8, 10 y 12.

©2017 Great Minds®. eureka-math.org

EUREKA MATH

Nombre _____ Fecha _____

1. Usa un diagrama de cinta para representar cada sumando. Descompón uno de los diagramas de cinta para hacer unidades similares. Luego, escribe el enunciado numérico completo.

a. $\frac{1}{3} + \frac{1}{6}$

b. $\frac{1}{2} + \frac{1}{4}$

c. $\frac{3}{4} + \frac{1}{8}$

d. $\frac{1}{4} + \frac{5}{12}$

e. $\frac{3}{8} + \frac{1}{2}$

f. $\frac{3}{5} + \frac{3}{10}$

EUREKA
MATH™

Lección 20: Usar representaciones visuales para sumar dos fracciones con unidades relacionadas usando los denominadores 2, 3, 4, 5, 6, 8, 10 y 12.

©2017 Great Minds®. eureka-math.org

119

2. Haz una estimación para determinar si la suma está entre 0 y 1 o entre 1 y 2. Dibuja una recta numérica para representar la suma. Luego, escribe un enunciado numérico completo. El primer ejercicio ya está resuelto.

a. $\frac{1}{3} + \frac{1}{6}$ $\quad \frac{2}{6} + \frac{1}{6} = \frac{3}{6}$

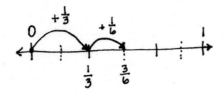

b. $\frac{3}{5} + \frac{7}{10}$

c. $\frac{5}{12} + \frac{1}{4}$

d. $\frac{3}{4} + \frac{5}{8}$

e. $\frac{7}{8} + \frac{3}{4}$

f. $\frac{1}{6} + \frac{5}{3}$

3. Resuelve el siguiente problema de suma sin dibujar una representación. Muestra tu trabajo.

$$\frac{5}{6} + \frac{1}{3}$$

Lección 20: Usar representaciones visuales para sumar dos fracciones con unidades relacionadas usando los denominadores 2, 3, 4, 5, 6, 8, 10 y 12.

©2017 Great Minds®. eureka-math.org

EUREKA MATH™

Nombre _____   Fecha _____

1. Dibuja un diagrama de cinta para representar cada sumando. Descompón uno de los diagramas de cinta para hacer unidades similares. Luego, escribe un enunciado numérico completo. Usa un vínculo numérico para escribir cada suma como un número mixto.

a. $\frac{3}{4} + \frac{1}{2}$

b. $\frac{2}{3} + \frac{3}{6}$

c. $\frac{5}{6} + \frac{1}{3}$

d. $\frac{4}{5} + \frac{7}{10}$

2. Dibuja una recta numérica para representar la suma. Luego, escribe un enunciado numérico completo. Usa un vínculo numérico para escribir cada suma como un número mixto.

a. $\frac{1}{2} + \frac{3}{4}$

b. $\frac{1}{2} + \frac{6}{8}$

EUREKA MATH

Lección 21: Usar representaciones visuales para sumar dos fracciones con unidades relacionadas usando los denominadores 2, 3, 4, 5, 6, 8, 10 y 12.
©2017 Great Minds®. eureka-math.org

c. $\frac{7}{10} + \frac{3}{5}$

d. $\frac{2}{3} + \frac{5}{6}$

3. Resuelve. Escribe la suma como un número mixto. Si es necesario, dibuja una representación.

a. $\frac{3}{4} + \frac{2}{8}$

b. $\frac{4}{6} + \frac{1}{2}$

c. $\frac{4}{6} + \frac{2}{3}$

d. $\frac{8}{10} + \frac{3}{5}$

e. $\frac{5}{8} + \frac{3}{4}$

f. $\frac{5}{8} + \frac{2}{4}$

g. $\frac{1}{2} + \frac{5}{8}$

h. $\frac{3}{10} + \frac{4}{5}$

Lección 21:   Usar representaciones visuales para sumar dos fracciones con unidades relacionadas usando los denominadores 2, 3, 4, 5, 6, 8, 10 y 12.

©2017 Great Minds®. eureka-math.org

EUREKA MATH™

Nombre _____ Fecha _____

1. Dibuja un diagrama de cinta para representar cada sumando. Descompón uno de los diagramas de cinta para hacer unidades similares. Luego, escribe un enunciado numérico completo. Usa un vínculo numérico para escribir cada suma como un número mixto.

   a. $\frac{7}{8} + \frac{1}{4}$

   b. $\frac{4}{8} + \frac{2}{4}$

   c. $\frac{4}{6} + \frac{1}{2}$

   d. $\frac{3}{5} + \frac{8}{10}$

2. Dibuja una recta numérica para representar la suma. Luego, escribe un enunciado numérico completo. Usa un vínculo numérico para escribir cada suma como un número mixto.

   a. $\frac{1}{2} + \frac{5}{8}$

   b. $\frac{3}{4} + \frac{3}{8}$

Lección 21:   Usar representaciones visuales para sumar dos fracciones con unidades relacionadas usando los denominadores 2, 3, 4, 5, 6, 8, 10 y 12.

©2017 Great Minds®. eureka-math.org

EUREKA MATH™

123

c. $\dfrac{4}{10} + \dfrac{4}{5}$

d. $\dfrac{1}{3} + \dfrac{5}{6}$

3. Resuelve. Escribe la suma como un número mixto. Si es necesario, dibuja una representación.

a. $\dfrac{1}{2} + \dfrac{6}{8}$

b. $\dfrac{7}{8} + \dfrac{3}{4}$

c. $\dfrac{5}{6} + \dfrac{1}{3}$

d. $\dfrac{9}{10} + \dfrac{2}{5}$

e. $\dfrac{4}{12} + \dfrac{3}{4}$

f. $\dfrac{1}{2} + \dfrac{5}{6}$

g. $\dfrac{3}{12} + \dfrac{5}{6}$

h. $\dfrac{7}{10} + \dfrac{4}{5}$

Lección 21:   Usar representaciones visuales para sumar dos fracciones con unidades relacionadas usando los denominadores 2, 3, 4, 5, 6, 8, 10 y 12.

Nombre _____ Fecha _____

1. Dibuja un diagrama de cinta que coincida con cada enunciado numérico. Luego, completa el enunciado numérico.

   a. $3 + \frac{1}{3} =$ _____

   b. $4 + \frac{3}{4} =$ _____

   c. $3 - \frac{1}{4} =$ _____

   d. $5 - \frac{2}{5} =$ _____

2. Usa los siguientes tres números para escribir dos enunciados numéricos de resta y dos de suma.

   a. $6, 6\frac{3}{8}, \frac{3}{8}$

   b. $\frac{4}{7}, 9, 8\frac{3}{7}$

3. Resuelve usando un vínculo numérico. Dibuja una recta numérica para representar cada enunciado numérico. El primer ejercicio ya está resuelto.

   a. $4 - \frac{1}{3} = \quad 3\frac{2}{3}$

   b. $5 - \frac{2}{3} =$ _____

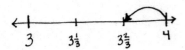

EUREKA MATH™

Lección 22: Sumar una fracción menor que 1 o restar una fracción menor que 1 a un número entero usando la descomposición y representaciones visuales.

©2017 Great Minds®. eureka-math.org

125

c. $7 - \frac{3}{8} =$ _____

d. $10 - \frac{4}{10} =$ _____

4. Completa los enunciados de resta usando vínculos numéricos.

a. $3 - \frac{1}{10} =$ _____

b. $5 - \frac{3}{4} =$ _____

c. $6 - \frac{5}{8} =$ _____

d. $7 - \frac{3}{9} =$ _____

e. $8 - \frac{6}{10} =$ _____

f. $29 - \frac{9}{12} =$ _____

Lección 22: Sumar una fracción menor que 1 o restar una fracción menor que 1 a un número entero usando la descomposición y representaciones visuales.

©2017 Great Minds®. eureka-math.org

EUREKA MATH™

Nombre _____ Fecha _____

1. Dibuja un diagrama de cinta que coincida con cada enunciado numérico. Luego, completa el enunciado numérico.

   a. $2 + \frac{1}{4} =$ _____

   b. $3 + \frac{2}{3} =$ _____

   c. $2 - \frac{1}{5} =$ _____

   d. $3 - \frac{3}{4} =$ _____

2. Usa los siguientes tres números para escribir dos enunciados numéricos de resta y dos de suma.

   a. $4, 4\frac{5}{8}, \frac{5}{8}$

   b. $\frac{2}{7}, 5\frac{5}{7}, 6$

3. Resuelve usando un vínculo numérico. Dibuja una recta numérica para representar cada enunciado numérico. El primer ejercicio ya está resuelto.

   a. $4 - \frac{1}{3} = 3\frac{2}{3}$

   b. $8 - \frac{5}{6} =$ _____

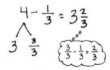

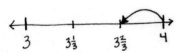

Lección 22:   Sumar una fracción menor que 1 o restar una fracción menor que 1 a un número entero usando la descomposición y representaciones visuales.

©2017 Great Minds®. eureka-math.org

127

c. $7 - \frac{4}{5} =$ _____

d. $3 - \frac{3}{10} =$ _____

4. Completa los enunciados de resta usando vínculos numéricos.

a. $6 - \frac{1}{4} =$ _____

b. $7 - \frac{2}{10} =$ _____

c. $5 - \frac{5}{6} =$ _____

d. $6 - \frac{6}{8} =$ _____

e. $3 - \frac{7}{8} =$ _____

f. $26 - \frac{7}{10} =$ _____

Lección 22:   Sumar una fracción menor que 1 o restar una fracción menor que 1 a un número entero usando la descomposición y representaciones visuales.

©2017 Great Minds®. eureka-math.org

EUREKA
MATH™

Nombre _____   Fecha _____

1. Encierra en un círculo cualquier fracción que sea equivalente a un número entero. Registra el número entero debajo de la fracción.

   a. Cuenta de 1 tercio en 1 tercio. Empieza en 0 tercios. Termina en 6 tercios.

   $\boxed{\dfrac{0}{3}},\quad \dfrac{1}{3},$

      0

   b. Cuenta de 1 medio en 1 medio. Comienza en 0 medios. Termina en 8 medios.

2. Usa paréntesis para mostrar cómo hacer unidades en el siguiente enunciado numérico.

$$\frac{1}{4}+\frac{1}{4}+\frac{1}{4}+\frac{1}{4}+\frac{1}{4}+\frac{1}{4}+\frac{1}{4}+\frac{1}{4}+\frac{1}{4}+\frac{1}{4}+\frac{1}{4}+\frac{1}{4}=3$$

3. Multiplica como se muestra a continuación. Dibuja una recta numérica que justifique tu respuesta.

   a. $6\times\dfrac{1}{3}$

   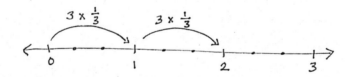

   $$6\times\frac{1}{3}=2\times\frac{3}{3}=2$$

   b. $6\times\dfrac{1}{2}$

   c. $12\times\dfrac{1}{4}$

    Lección 23:   Sumar y multiplicar fracciones unitarias para crear fracciones mayores que 1 usando representaciones visuales.   129

©2017 Great Minds®. eureka-math.org

4. Multiplica como se muestra a continuación. Escribe el producto como un número mixto. Dibuja una recta numérica que justifique tu respuesta.

    a. 7 copias de 1 tercio.

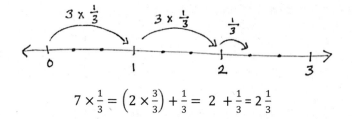

$$7 \times \frac{1}{3} = \left(2 \times \frac{3}{3}\right) + \frac{1}{3} = 2 + \frac{1}{3} = 2\frac{1}{3}$$

    b. 7 copias de 1 medio.

    c. $10 \times \frac{1}{4}$

    d. $14 \times \frac{1}{3}$

Lección 23: Sumar y multiplicar fracciones unitarias para crear fracciones mayores que 1 usando representaciones visuales.

©2017 Great Minds®. eureka-math.org

EUREKA MATH™

Nombre _____   Fecha _____

1. Encierra en un círculo cualquier fracción que sea equivalente a un número entero. Registra el número entero debajo de la fracción.

   a. Cuenta de 1 cuarto en 1 cuarto. Empieza en 0 cuartos. Termina en 6 cuartos.

   $$\boxed{\frac{0}{4}}, \quad \frac{1}{4},$$

   0

   b. Cuenta de 1 sexto en 1 sexto. Empieza en 0 sextos. Termina en 14 sextos.

2. Usa paréntesis para mostrar cómo hacer unidades en el siguiente enunciado numérico.

$$\frac{1}{3} + \frac{1}{3} + \frac{1}{3} + \frac{1}{3} + \frac{1}{3} + \frac{1}{3} + \frac{1}{3} + \frac{1}{3} + \frac{1}{3} + \frac{1}{3} + \frac{1}{3} + \frac{1}{3} = 4$$

3. Multiplica como se muestra a continuación. Dibuja una recta numérica que justifique tu respuesta.

   a. $6 \times \frac{1}{3}$

   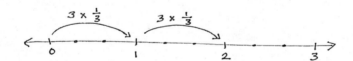

   $$6 \times \frac{1}{3} = 2 \times \frac{3}{3} = 2$$

   b. $10 \times \frac{1}{2}$

   c. $8 \times \frac{1}{4}$

EUREKA
MATH™

Lección 23:   Sumar y multiplicar fracciones unitarias para crear fracciones mayores
que 1 usando representaciones visuales.

131

©2017 Great Minds®. eureka-math.org

4. Multiplica como se muestra a continuación. Escribe el producto como un número mixto. Dibuja una recta numérica que justifique tu respuesta.

   a. 7 copias de 1 tercio.

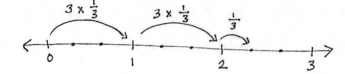

   $$7 \times \frac{1}{3} = \left(2 \times \frac{3}{3}\right) + \frac{1}{3} = 2 + \frac{1}{3} = 2\frac{1}{3}$$

   b. 7 copias de 1 cuarto

   c. 11 grupos de 1 quinto

   d. $7 \times \frac{1}{2}$

   e. $9 \times \frac{1}{5}$

Lección 23:   Sumar y multiplicar fracciones unitarias para crear fracciones mayores que 1 usando representaciones visuales.

EUREKA
MATH™

Nombre _____ Fecha _____

1. Renombra cada fracción como un número mixto descomponiéndolas en dos partes como se muestra abajo. Representa la descomposición con una recta numérica y un vínculo numérico.

   a. $\frac{11}{3}$

   $$\frac{11}{3} = \frac{9}{3} + \frac{2}{3} = 3 + \frac{2}{3} = 3\frac{2}{3}$$

   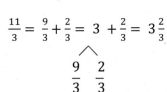

   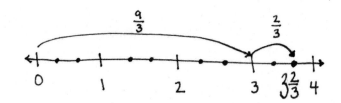

   b. $\frac{12}{5}$

   c. $\frac{13}{2}$

   d. $\frac{15}{4}$

EUREKA MATH™

Lección 24: Descomponer y componer fracciones mayores que 1 para expresarlas en varias formas.

©2017 Great Minds®. eureka-math.org

2. Convierte cada fracción a un número mixto. Muestra tu trabajo como en el ejemplo. Representa con una recta numérica.

a. $\frac{11}{3}$

$$\frac{11}{3} = \frac{3 \times 3}{3} + \frac{2}{3} = 3 + \frac{2}{3} = 3\frac{2}{3}$$

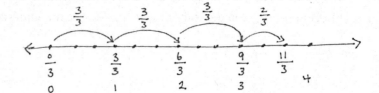

b. $\frac{9}{2}$

c. $\frac{17}{4}$

3. Convierte cada fracción a un número mixto.

a. $\frac{9}{4} =$	b. $\frac{17}{5} =$	c. $\frac{25}{6} =$
d. $\frac{30}{7} =$	e. $\frac{38}{8} =$	f. $\frac{48}{9} =$
g. $\frac{63}{10} =$	h. $\frac{84}{10} =$	i. $\frac{37}{12} =$

Lección 24:   Descomponer y componer fracciones mayores que 1 para expresarlas en varias formas.

©2017 Great Minds®. eureka-math.org

Nombre _____ Fecha _____

1. Renombra cada fracción como un número mixto descomponiéndolas en dos partes como se muestra abajo. Representa la descomposición con una recta numérica y un vínculo numérico.

a. $\frac{11}{3}$

$$\frac{11}{3} = \frac{9}{3} + \frac{2}{3} = 3 + \frac{2}{3} = 3\frac{2}{3}$$

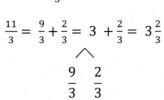

b. $\frac{13}{4}$

c. $\frac{16}{5}$

d. $\frac{15}{2}$

e. $\frac{17}{3}$

Lección 24:   Descomponer y componer fracciones mayores que 1 para expresarlas en varias formas.

135

2. Convierte cada fracción a un número mixto. Muestra tu trabajo como en el ejemplo. Representa con una recta numérica.

a. $\frac{11}{3}$

$$\frac{11}{3} = \frac{3 \times 3}{3} + \frac{2}{3} = 3 + \frac{2}{3} = 3\frac{2}{3}$$

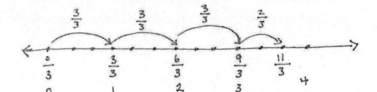

b. $\frac{13}{2}$

c. $\frac{18}{4}$

3. Convierte cada fracción a un número mixto.

a. $\frac{14}{3} =$	b. $\frac{17}{4} =$	c. $\frac{27}{5} =$
d. $\frac{28}{6} =$	e. $\frac{23}{7} =$	f. $\frac{37}{8} =$
g. $\frac{51}{9} =$	h. $\frac{74}{10} =$	i. $\frac{45}{12} =$

EUREKA MATH™

Nombre _____   Fecha _____

1. Convierte cada número mixto en una fracción mayor que 1. Dibuja una recta numérica para representar tu trabajo.

a. $3\frac{1}{4}$

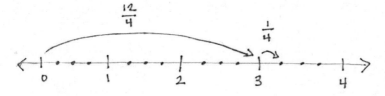

$$3\frac{1}{4} = 3 + \frac{1}{4} = \frac{12}{4} + \frac{1}{4} = \frac{13}{4}$$

b. $2\frac{4}{5}$

c. $3\frac{5}{8}$

d. $4\frac{4}{10}$

e. $4\frac{7}{9}$

2. Convierte cada número mixto en una fracción mayor que 1. Muestra tu trabajo como en el ejemplo.
    (Nota: $3 \times \frac{4}{4} = \frac{3 \times 4}{4}$.)

    a. $3\frac{3}{4}$

    $$3\frac{3}{4} = 3 + \frac{3}{4} = \left(3 \times \frac{4}{4}\right) + \frac{3}{4} = \frac{12}{4} + \frac{3}{4} = \frac{15}{4}$$

    b. $4\frac{1}{3}$

    c. $4\frac{3}{5}$

    d. $4\frac{6}{8}$

3. Convierte cada número mixto en una fracción mayor que 1.

a. $2\frac{3}{4}$	b. $2\frac{2}{5}$	c. $3\frac{3}{6}$
d. $3\frac{3}{8}$	e. $3\frac{1}{10}$	f. $4\frac{3}{8}$
g. $5\frac{2}{3}$	h. $6\frac{1}{2}$	i. $7\frac{3}{10}$

Lección 25:   Descomponer y componer fracciones mayores que 1 para expresarlas en varias formas.

EUREKA
MATH™

Nombre _____ Fecha _____

1. Convierte cada número mixto en una fracción mayor que 1. Dibuja una recta numérica para representar tu trabajo.

a. $3\frac{1}{4}$

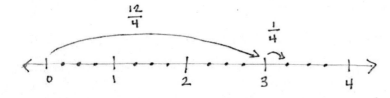

$$3\frac{1}{4} = 3 + \frac{1}{4} = \frac{12}{4} + \frac{1}{4} = \frac{13}{4}$$

b. $4\frac{2}{5}$

c. $5\frac{3}{8}$

d. $3\frac{7}{10}$

e. $6\frac{2}{9}$

Lección 25:   Descomponer y componer fracciones mayores que 1 para expresarlas en varias formas.

139

2. Convierte cada número mixto en una fracción mayor que 1. Muestra tu trabajo como en el ejemplo. (Nota: $3 \times \frac{4}{4} = \frac{3 \times 4}{4}$.)

a. $3\frac{3}{4}$

$$3\frac{3}{4} = 3 + \frac{3}{4} = \left(3 \times \frac{4}{4}\right) + \frac{3}{4} = \frac{12}{4} + \frac{3}{4} = \frac{15}{4}$$

b. $5\frac{2}{3}$

c. $4\frac{1}{5}$

d. $3\frac{7}{8}$

3. Convierte cada número mixto en una fracción mayor que 1.

a. $2\frac{1}{3}$	b. $2\frac{3}{4}$	c. $3\frac{2}{5}$
d. $3\frac{1}{6}$	e. $4\frac{5}{12}$	f. $4\frac{2}{5}$
g. $4\frac{1}{10}$	h. $5\frac{1}{5}$	i. $5\frac{5}{6}$
j. $6\frac{1}{4}$	k. $7\frac{1}{2}$	l. $7\frac{11}{12}$

Lección 25: Descomponer y componer fracciones mayores que 1 para expresarlas en varias formas.

©2017 Great Minds®. eureka-math.org

EUREKA MATH™

Nombre _____   Fecha _____

1. a.   Grafica los siguientes puntos en la recta numérica sin medir.

   i. $2\frac{7}{8}$ ii. $3\frac{1}{6}$ iii. $\frac{29}{12}$

   b.   Usa la recta numérica del Problema 1(a) para comparar las fracciones escribiendo <, > o =.

   i. $\frac{29}{12}$ _____ $2\frac{7}{8}$ ii. $\frac{29}{12}$ _____ $3\frac{1}{6}$

2. a.   Grafica los siguientes puntos en la recta numérica sin medir.

   i. $\frac{70}{9}$ ii. $8\frac{2}{4}$ iii. $\frac{25}{3}$

   b.   Compara lo siguiente escribiendo >, < o =.

   i. $8\frac{2}{4}$ _____ $\frac{25}{3}$ ii. $\frac{70}{9}$ _____ $8\frac{2}{4}$

   c.   Explica cómo graficaste los puntos en el Problema 2(a).

3. Compara las fracciones proporcionadas abajo escribiendo >, < o =. Da una explicación breve para cada respuesta, mencionando las fracciones de referencia.

a. $5\frac{1}{3}$ _____ $4\frac{3}{4}$

b. $\frac{12}{6}$ _____ $\frac{25}{12}$

c. $\frac{18}{7}$ _____ $\frac{17}{5}$

d. $5\frac{2}{5}$ _____ $5\frac{5}{8}$

e. $6\frac{2}{3}$ _____ $6\frac{3}{7}$

f. $\frac{31}{7}$ _____ $\frac{32}{8}$

g. $\frac{31}{10}$ _____ $\frac{25}{8}$

h. $\frac{39}{12}$ _____ $\frac{19}{6}$

i. $\frac{49}{50}$ _____ $3\frac{90}{100}$

j. $5\frac{5}{12}$ _____ $5\frac{51}{100}$

©2017 Great Minds®. eureka-math.org

EUREKA MATH™

Nombre _____   Fecha _____

1. a. Grafica los siguientes puntos en la recta numérica sin medir.

   i. $2\frac{1}{6}$ ii. $3\frac{3}{4}$ iii. $\frac{33}{9}$

$$\xleftarrow{\quad} \underset{2}{|} \qquad\qquad \underset{3}{|} \qquad\qquad \underset{4}{|} \xrightarrow{\quad}$$

   b. Usa la recta numérica del Problema 1(a) para comparar las fracciones escribiendo <, > o =.

   i. $\frac{33}{9}$ _____ $2\frac{1}{6}$ ii. $\frac{33}{9}$ _____ $3\frac{3}{4}$

2. a. Grafica los siguientes puntos en la recta numérica sin medir.

   i. $\frac{65}{8}$ ii. $8\frac{5}{6}$ iii. $\frac{29}{4}$

$$\xleftarrow{\quad} \underset{7}{|} \qquad\qquad \underset{8}{|} \qquad\qquad \underset{9}{|} \xrightarrow{\quad}$$

   b. Compara lo siguiente escribiendo >, < o =.

   i. $8\frac{5}{6}$ _____ $\frac{65}{8}$ ii. $\frac{29}{4}$ _____ $\frac{65}{8}$

   c. Explica cómo graficaste los puntos en el Problema 2(a).

3. Compara las fracciones proporcionadas abajo escribiendo >, < o =. Da una explicación breve para cada respuesta, mencionando las fracciones de referencia.

a. $5\frac{1}{3}$ _____ $5\frac{3}{4}$

b. $\frac{12}{4}$ _____ $\frac{25}{8}$

c. $\frac{18}{6}$ _____ $\frac{17}{4}$

d. $5\frac{3}{5}$ _____ $5\frac{5}{10}$

e. $6\frac{3}{4}$ _____ $6\frac{3}{5}$

f. $\frac{33}{6}$ _____ $\frac{34}{7}$

g. $\frac{23}{10}$ _____ $\frac{20}{8}$

h. $\frac{27}{12}$ _____ $\frac{15}{6}$

i. $2\frac{49}{50}$ _____ $2\frac{99}{100}$

j. $6\frac{5}{9}$ _____ $6\frac{49}{100}$

Lección 26: Comparar fracciones mayores que 1 razonando y usando fracciones de referencia.

EUREKA
MATH™

Nombre _____ Fecha _____

1. Dibuja un diagrama de cinta para representar cada comparación. Usa >, < o = para comparar.

   a. $3\frac{2}{3}$ _____ $3\frac{5}{6}$

   b. $3\frac{2}{5}$ _____ $3\frac{6}{10}$

   c. $4\frac{3}{6}$ _____ $4\frac{1}{3}$

   d. $4\frac{5}{8}$ _____ $\frac{19}{4}$

2. Usa un modelo de área para hacer unidades similares. Luego usa >, < o = para comparar.

   a. $2\frac{3}{5}$ _____ $\frac{18}{7}$

   b. $2\frac{3}{8}$ _____ $2\frac{1}{3}$

3. Compara cada par de fracciones usando <, > o = o usando cualquier estrategia.

a. $5\frac{3}{4}$ _____ $5\frac{3}{8}$

b. $5\frac{2}{5}$ _____ $5\frac{8}{10}$

c. $5\frac{6}{10}$ _____ $\frac{27}{5}$

d. $5\frac{2}{3}$ _____ $5\frac{9}{15}$

e. $\frac{7}{2}$ _____ $\frac{7}{3}$

f. $\frac{12}{3}$ _____ $\frac{15}{4}$

g. $\frac{22}{5}$ _____ $4\frac{2}{7}$

h. $\frac{21}{4}$ _____ $5\frac{2}{5}$

i. $\frac{29}{8}$ _____ $\frac{11}{3}$

j. $3\frac{3}{4}$ _____ $3\frac{4}{7}$

Lección 27: Comparar fracciones mayores que 1 creando numeradores o denominadores comunes.

EUREKA MATH™

Nombre _____   Fecha _____

1. Dibuja un diagrama de cinta para representar cada comparación. Usa >, < o = para comparar.

   a. $2\frac{3}{4}$ _____ $2\frac{7}{8}$

   b. $10\frac{2}{6}$ _____ $10\frac{1}{3}$

   c. $5\frac{3}{8}$ _____ $5\frac{1}{4}$

   d. $2\frac{5}{9}$ _____ $\frac{21}{3}$

2. Usa un modelo de área para hacer unidades similares. Luego usa >, < o = para comparar.

   a. $2\frac{4}{5}$ _____ $\frac{11}{4}$

   b. $2\frac{3}{5}$ _____ $2\frac{2}{3}$

EUREKA MATH™   Lección 27:   Comparar fracciones mayores que 1 creando numeradores o   147
                                    denominadores comunes.

©2017 Great Minds®. eureka-math.org

3. Compara cada par de fracciones usando <, > o = o usando cualquier **estrategia**.

a. $6\frac{1}{2}$ _____ $6\frac{3}{8}$

b. $7\frac{5}{6}$ _____ $7\frac{11}{12}$

c. $3\frac{6}{10}$ _____ $3\frac{2}{5}$

d. $2\frac{2}{5}$ _____ $2\frac{8}{15}$

e. $\frac{10}{3}$ _____ $\frac{10}{4}$

f. $\frac{12}{4}$ _____ $\frac{10}{3}$

g. $\frac{38}{9}$ _____ $4\frac{2}{12}$

h. $\frac{23}{4}$ _____ $5\frac{2}{3}$

i. $\frac{30}{8}$ _____ $3\frac{7}{12}$

j. $10\frac{3}{4}$ _____ $10\frac{4}{6}$

EUREKA MATH™

Nombre _____   Fecha _____

1. La tabla de la derecha muestra la distancia que pudieron correr los alumnos de cuarto grado de la Srta. Smith antes de detenerse para un descanso. Crea una gráfica lineal para desplegar los datos de la tabla.

Estudiante	Distancia (en millas)
Joe	$2\frac{1}{2}$
Arianna	$1\frac{3}{4}$
Bobbi	$2\frac{1}{8}$
Morgan	$1\frac{5}{8}$
Jack	$2\frac{5}{8}$
Saisha	$2\frac{1}{4}$
Tyler	$2\frac{2}{4}$
Jenny	$\frac{5}{8}$
Anson	$2\frac{2}{8}$
Chandra	$2\frac{4}{8}$

2. Resuelve cada problema.

   a. ¿Quién corrió una milla más que Jenny?

   b. ¿Quién corrió una milla menos que Jack?

   c. Dos estudiantes corrieron exactamente $2\frac{1}{4}$ millas. Identifica a los estudiantes. ¿Cuántos cuartos de milla corrió cada estudiante?

   d. ¿Cuál es la diferencia, en millas, entre la distancia más larga que corrieron y la más corta?

   e. Compara las distancias corridas por Arriana y Morgan usando <, > o =.

   f. La Srta. Smith corrió el doble de la distancia que Jenny. ¿Cuánto corrió la Srta. Smith? Escribe su distancia como un número mixto.

   g. El Sr. Reynolds corrió $1\frac{3}{10}$ millas. Usa <, > o = para comparar la distancia que corrió el Sr. Reynolds con la distancia que corrió la Srta. Smith. ¿Quién corrió más?

3. Usando la información de la tabla y en la gráfica lineal, desarrolla y escribe un problema similar a los anteriores. Resuélvelo y luego pídele a tu compañero que lo resuelva. ¿Lo resolvieron de la misma manera? ¿Obtuvieron la misma respuesta?

Lección 28:   Resolver problemas escritos con gráficas lineales.

EUREKA MATH™

Nombre _____   Fecha _____

1. Un grupo de estudiantes midió el tamaño de sus zapatos.
    Las medidas se muestran en la tabla. Haz una gráfica lineal para
    mostrar los datos.

Estudiantes	Medida del zapato (en pulgadas)
Collin	$8\frac{1}{2}$
Dickon	$7\frac{3}{4}$
Ben	$7\frac{1}{2}$
Martha	$7\frac{3}{4}$
Lilias	8
Susana	$8\frac{1}{2}$
Frances	$7\frac{3}{4}$
María	$8\frac{3}{4}$

2. Resuelve cada problema.

    a. ¿Quién tiene una medida de zapatos 1 pulgada más grande que la de Dickon?

    b. ¿Quién tiene una medida de zapatos 1 pulgada más chica que la de Susana?

c. ¿Cuántos cuartos de pulgada miden los zapatos de Martha?

d. ¿Cuál es la diferencia, en pulgadas, entre las medidas de los zapatos de Lilias y Martha?

e. Compara la medida de los zapatos de Ben y de Frances usando <, > o =.

f. ¿Cuántos estudiantes tienen medidas de zapatos menores que 8 pulgadas?

g. ¿Cuántos estudiantes midieron la longitud de sus zapatos?

h. La medida de los zapatos del Sr Jones fue de $\frac{25}{2}$ pulgadas. Usa <, > o = para comparar la medida de los zapatos del Sr. Jones con la medida más larga de los zapatos de los estudiantes. ¿Quién tenía los zapatos más largos?

3. Usando la información en la tabla y en la gráfica lineal, escribe una pregunta que podrías contestar usando la gráfica lineal. Resuelve.

Nombre _____ Fecha _____

1. Calcula aproximadamente cada suma o resta redondeando a la mitad o al número entero más cercano. Explica tu cálculo aproximado usando palabras o una recta numérica.

   a. $2\frac{1}{12} + 1\frac{7}{8} \approx$ _____ .

   b. $1\frac{11}{12} + 5\frac{3}{4} \approx$ _____

   c. $8\frac{7}{8} - 2\frac{1}{9} \approx$ _____

   d. $6\frac{1}{8} - 2\frac{1}{12} \approx$ _____

   e. $3\frac{3}{8} + 5\frac{1}{9} \approx$ _____

Lección 29: Estimar sumas y restas usando números de referencia.

153

EUREKA MATH™

2. Calcula aproximadamente cada suma o resta redondeando a la **mitad** o **al número entero más cercano**. Explica tu cálculo aproximado usando palabras o una recta numérica.

a. $\frac{16}{5} + \frac{11}{4} \approx$ _____

b. $\frac{17}{3} - \frac{15}{7} \approx$ _____

c. $\frac{59}{10} + \frac{26}{10} \approx$ _____

3. El cálculo aproximado de Montoya para $8\frac{5}{8} - 2\frac{1}{3}$ fue de 7. El cálculo **aproximado de** Julio fue de $6\frac{1}{2}$. ¿Cuál de los dos cálculos aproximados crees que esté más cerca de la **diferencia real**? Explica.

4. Usa los números de referencia o el cálculo mental para calcular **aproximadamente** la suma o la resta.

a. $14\frac{3}{4} + 29\frac{11}{12}$	b. $3\frac{5}{12} + 54\frac{5}{8}$
c. $17\frac{4}{5} - 8\frac{7}{12}$	d. $\frac{65}{8} - \frac{37}{6}$

Lección 29:   Estimar sumas y restas usando números de referencia.

EUREKA MATH™

Nombre _____ Fecha _____

1. Calcula aproximadamente cada suma o resta redondeando a la mitad o al número entero más cercano. Explica tu cálculo aproximado usando palabras o una recta numérica.

    a. $3\frac{1}{10} + 1\frac{3}{4} \approx$ _____

    b. $2\frac{9}{10} + 4\frac{4}{5} \approx$ _____

    c. $9\frac{9}{10} - 5\frac{1}{5} \approx$ _____

    d. $4\frac{1}{9} - 1\frac{1}{10} \approx$ _____

    e. $6\frac{3}{12} + 5\frac{1}{9} \approx$ _____

Lección 29: Estimar sumas y restas usando números de referencia.

155

©2017 Great Minds®. eureka-math.org

2. Calcula aproximadamente cada suma o resta redondeando a la mitad o al número entero más cercano. Explica tu cálculo aproximado usando palabras o una recta numérica.

   a. $\frac{16}{3} + \frac{17}{8} \approx$ _____.

   b. $\frac{17}{3} - \frac{15}{4} \approx$ _____

   c. $\frac{57}{8} + \frac{26}{8} \approx$ _____

3. El cálculo aproximado de Gina para $7\frac{5}{8} - 2\frac{1}{2}$ fue de 5. El cálculo aproximado de Dominick fue de $5\frac{1}{2}$. ¿Cuál de los dos cálculos aproximados crees que esté más cerca de la diferencia real? Explica.

4. Usa los números de referencia o el cálculo mental para calcular aproximadamente la suma o la resta.

a. $10\frac{3}{4} + 12\frac{11}{12}$	b. $2\frac{7}{10} + 23\frac{3}{8}$
c. $15\frac{9}{12} - 8\frac{11}{12}$	d. $\frac{56}{7} - \frac{31}{8}$

Lección 29: Estimar sumas y restas usando números de referencia.

EUREKA MATH™

Nombre _____   Fecha _____

1. Resuelve.

    a. $3\frac{1}{4} + \frac{1}{4}$

    b. $7\frac{3}{4} + \frac{1}{4}$

    c. $\frac{3}{8} + 5\frac{2}{8}$

    d. $\frac{1}{8} + 6\frac{7}{8}$

2. Completa los vínculos numéricos.

a. $4\frac{7}{8} +$ _____ $= 5$	b. $7\frac{2}{5} +$ _____ $= 8$
c. $3 = 2\frac{1}{6} +$ _____	d. $12 = 11\frac{1}{12} +$ _____

3. Usa un vínculo numérico y el método de la flecha para mostrar cómo hacer uno. Resuelve.

    a. $2\frac{3}{4} + \frac{2}{4}$

    $\frac{1}{4}$ $\frac{1}{4}$

    b. $3\frac{3}{5} + \frac{3}{5}$

4. Resuelve.

a. $\quad 4\frac{2}{3} + \frac{2}{3}$	b. $\quad 3\frac{3}{5} + \frac{4}{5}$
c. $\quad 5\frac{4}{6} + \frac{5}{6}$	d. $\quad \frac{7}{8} + 6\frac{4}{8}$
e. $\quad \frac{7}{10} + 7\frac{9}{10}$	f. $\quad 9\frac{7}{12} + \frac{11}{12}$
g. $\quad 2\frac{70}{100} + \frac{87}{100}$	h. $\quad \frac{50}{100} + 16\frac{78}{100}$

Lección 30: Sumar un número mixto y una fracción.

EUREKA
MATH™

5. Para resolver $7\frac{9}{10} + \frac{5}{10}$, María pensó en "$7\frac{1}{10} + \frac{4}{10} = 8$ y $8 + \frac{4}{10} = 8\frac{9}{10}$".

   Pablo pensó en "$7\frac{9}{10} + \frac{5}{10} = 7\frac{14}{10} = 7 + \frac{10}{10} + \frac{4}{10} = 8\frac{4}{10}$". Explica por qué María y Pablo tienen razón.

Esta página se dejó en blanco intencionalmente

Nombre _____ Fecha _____

1. Resuelve.

   a. $4\frac{1}{3} + \frac{1}{3}$

   b. $5\frac{1}{4} + \frac{2}{4}$

   c. $\frac{2}{6} + 3\frac{4}{6}$

   d. $\frac{5}{8} + 7\frac{3}{8}$

2. Completa los enunciados numéricos.

a. $\quad 3\frac{5}{6} +$ _____ $= 4$	b. $\quad 5\frac{3}{7} +$ _____ $= 6$
c. $\quad 5 = 4\frac{1}{8} +$ _____	d. $\quad 15 = 14\frac{4}{12} +$ _____

3. Dibuja un vínculo numérico y el método de la flecha para mostrar cómo hacer uno. Resuelve.

   a. $2\frac{4}{5} + \frac{2}{5}$

   $\frac{1}{5}\quad\frac{1}{5}$

   b. $3\frac{2}{3} + \frac{2}{3}$

   c. $4\frac{4}{6} + \frac{5}{6}$

   $2\frac{4}{5} \xrightarrow{+\frac{1}{5}} 3 \xrightarrow{+\frac{1}{3}} 3\frac{1}{5}$

4. Resuelve.

a. $2\frac{3}{5} + \frac{3}{5}$	b. $3\frac{6}{8} + \frac{4}{8}$
c. $5\frac{4}{6} + \frac{3}{6}$	d. $\frac{7}{10} + 6\frac{6}{10}$
e. $\frac{5}{10} + 8\frac{9}{10}$	f. $7\frac{8}{12} + \frac{11}{12}$
g. $3\frac{90}{100} + \frac{58}{100}$	h. $\frac{60}{100} + 14\frac{79}{100}$

Lección 30: Sumar un número mixto y una fracción.

EUREKA MATH

5. Para resolver $4\frac{8}{10} + \frac{3}{10}$, Carmen pensó en "$4\frac{8}{10} + \frac{2}{10} = 5$ y $5 + \frac{1}{10} = 5\frac{1}{10}$".

   Benny pensó, "$4\frac{8}{10} + \frac{3}{10} = 4\frac{11}{10} = 4 + \frac{10}{10} + \frac{1}{10} = 5\frac{1}{10}$". Explica por qué Carmen y Benny tienen razón.

Esta página se dejó en blanco intencionalmente

Nombre _____   Fecha _____

1. Resuelve.

a. $3\frac{1}{3}$ $+ 2\frac{2}{3} = 5$ $+\frac{3}{3}=$

3    $\frac{1}{3}$ 2 $\frac{2}{3}$

b. $4\frac{1}{4} + 3\frac{2}{4}$

c. $2\frac{2}{6} + 6\frac{4}{6}$

2. Resuelve. Usa una recta numérica para mostrar tu trabajo.

a. $2\frac{4}{5} + 1\frac{2}{5} = 3 + \frac{6}{5} =$ _____

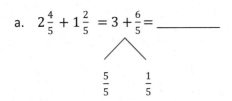

$\frac{5}{5}$ $\frac{1}{5}$

b. $1\frac{3}{4} + 3\frac{3}{4}$

c. $3\frac{3}{8} + 2\frac{6}{8}$

3. Resuelve. Usa el método de la flecha para mostrar cómo se hace uno.

a. $2\frac{4}{6} + 1\frac{5}{6} = 3\frac{4}{6} + \frac{5}{6} =$

$\frac{2}{6}$ $\frac{3}{6}$

b. $1\frac{3}{4} + 3\frac{3}{4}$

c. $3\frac{3}{8} + 2\frac{6}{8}$

4. Resuelve. Usa el método que prefieras.

a. $1\frac{3}{5} + 3\frac{4}{5}$

b. $2\frac{6}{8} + 3\frac{7}{8}$

c. $3\frac{8}{12} + 2\frac{7}{12}$

©2017 Great Minds®. eureka-math.org

EUREKA MATH

Nombre _____ Fecha _____

1. Resuelve.

   a. $2\frac{1}{3} + 1\frac{2}{3} = 3 + \frac{3}{3} =$

   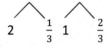

   b. $2\frac{2}{5} + 2\frac{2}{5}$

   c. $3\frac{3}{8} + 1\frac{5}{8}$

2. Resuelve. Usa una recta numérica para mostrar tu trabajo.

   a. $2\frac{2}{4} + 1\frac{3}{4} = 3 + \frac{5}{4} = $ _____

   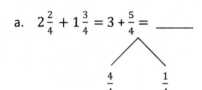

   b. $3\frac{4}{6} + 2\frac{5}{6}$

   c. $1\frac{9}{12} + 1\frac{7}{12}$

3. Resuelve. Usa el método de la flecha para mostrar cómo se hace uno.

   a. $2\frac{3}{4} + 1\frac{3}{4} = 3\frac{3}{4} + \frac{3}{4} =$

   $\frac{1}{4}$ $\frac{2}{4}$

   $3\frac{3}{4} \xrightarrow{+\frac{1}{4}} 4 \longrightarrow$

   b. $2\frac{7}{8} + 3\frac{4}{8}$

   c. $1\frac{7}{9} + 4\frac{5}{9}$

4. Resuelve. Usa el método que prefieras.

   a. $1\frac{4}{5} + 1\frac{3}{5}$

   b. $3\frac{8}{10} + 1\frac{5}{10}$

   c. $2\frac{5}{7} + 3\frac{6}{7}$

Lección 31:   Sumar números mixtos.

©2017 Great Minds®. eureka-math.org

EUREKA
MATH™

Nombre _____ Fecha _____

1. Resta. Representa con una recta numérica o el método de la flecha.

    a. $3\frac{3}{4} - \frac{1}{4}$

    b. $4\frac{7}{10} - \frac{3}{10}$

    c. $5\frac{1}{3} - \frac{2}{3}$

    d. $9\frac{3}{5} - \frac{4}{5}$

2. Usa la descomposición para restar las fracciones. Representa con una recta numérica o el método de la flecha.

    a. $5\frac{3}{5} - \frac{4}{5}$

    b. $4\frac{1}{4} - \frac{2}{4}$

    c. $5\frac{1}{3} - \frac{2}{3}$

    d. $2\frac{3}{8} - \frac{5}{8}$

3. Descompón el total para restar las fracciones.

a. $3\frac{1}{8} - \frac{3}{8} = 2\frac{1}{8} + \frac{5}{8} = 2\frac{6}{8}$

$2\frac{1}{8}$ 1

b. $5\frac{1}{8} - \frac{7}{8}$

c. $5\frac{3}{5} - \frac{4}{5}$

d. $5\frac{4}{6} - \frac{5}{6}$

e. $6\frac{4}{12} - \frac{7}{12}$

f. $9\frac{1}{8} - \frac{5}{8}$

g. $7\frac{1}{6} - \frac{5}{6}$

h. $8\frac{3}{10} - \frac{4}{10}$

i. $12\frac{3}{5} - \frac{4}{5}$

j. $11\frac{2}{6} - \frac{5}{6}$

Lección 32:   Restar una fracción de un número mixto.

©2017 Great Minds®. eureka-math.org

EUREKA
MATH™

Nombre _____ Fecha _____

1. Resta. Representa con una recta numérica o el método de la flecha.

   a. $6\frac{3}{5} - \frac{1}{5}$

   b. $4\frac{9}{12} - \frac{7}{12}$

   c. $7\frac{1}{4} - \frac{3}{4}$

   d. $8\frac{3}{8} - \frac{5}{8}$

2. Usa la descomposición para restar las fracciones. Representa con una recta numérica o el método de la flecha.

   a. $2\frac{2}{5} - \frac{4}{5}$

   $\frac{2}{5} \quad \frac{2}{5}$

   b. $2\frac{1}{3} - \frac{2}{3}$

   c. $4\frac{1}{6} - \frac{4}{6}$

   d. $3\frac{3}{6} - \frac{5}{6}$

EUREKA
MATH™

e. $9\frac{3}{8} - \frac{7}{8}$

f. $7\frac{1}{10} - \frac{6}{10}$

g. $10\frac{1}{8} - \frac{5}{8}$

h. $9\frac{4}{12} - \frac{7}{12}$

i. $11\frac{3}{5} - \frac{4}{5}$

j. $17\frac{1}{9} - \frac{5}{9}$

3. Descompón el total para restar las fracciones.

a. $4\frac{1}{8} - \frac{3}{8} = 3\frac{1}{8} + \frac{5}{8} = 3\frac{6}{8}$

$3\frac{1}{8}$ ⌃ 1

b. $5\frac{2}{5} - \frac{3}{5}$

c. $7\frac{1}{8} - \frac{3}{8}$

d. $3\frac{3}{9} - \frac{4}{9}$

e. $6\frac{3}{10} - \frac{7}{10}$

f. $2\frac{5}{9} - \frac{8}{9}$

Nombre _____   Fecha _____

1. Escribe un enunciado de suma relacionado. Resta contando hacia adelante. Para ayudarte, usa una recta numérica o el método de la flecha. El primer problema ya está resuelto.

   a. $3\frac{1}{3} - 1\frac{2}{3} =$ _____

   $1\frac{2}{3} +$ _____ $= 3\frac{1}{3}$

   b. $5\frac{1}{4} - 2\frac{3}{4} =$ _____

2. Resta, como se muestra en el Problema 2(a), descomponiendo la parte fraccionaria del número que estás restando. Para ayudarte, usa una recta numérica o el método de la flecha.

   a. $3\frac{1}{4} - 1\frac{3}{4} = 2\frac{1}{4} - \frac{3}{4} = 1\frac{2}{4}$

   $$\frac{1}{4} \quad \frac{2}{4}$$

   b. $4\frac{1}{5} - 2\frac{4}{5}$

   c. $5\frac{3}{7} - 3\frac{6}{7}$

3. Resta, como se muestra en el Problema 3(a), descomponiendo para quitar una unidad.

a. $5\frac{3}{5} - 2\frac{4}{5} = 3\frac{3}{5} - \frac{4}{5}$

$$2\frac{3}{5} \qquad 1$$

b. $4\frac{3}{6} - 3\frac{5}{6}$

c. $8\frac{3}{10} - 2\frac{7}{10}$

4. Resuelve usando cualquier método.

a. $6\frac{1}{4} - 3\frac{3}{4}$

b. $5\frac{1}{8} - 2\frac{7}{8}$

c. $8\frac{3}{12} - 3\frac{8}{12}$

d. $5\frac{1}{100} - 2\frac{97}{100}$

   Lección 33:   Restar un número mixto de un número mixto.

EUREKA MATH

Nombre _____ Fecha _____

1. Escribe un enunciado de suma relacionado. Resta contando hacia adelante. Para ayudarte, usa una recta numérica o el método de la flecha. El primer problema ya está resuelto.

   a. $3\frac{2}{5} - 1\frac{4}{5} = $ _____

   $1\frac{4}{5} + $ _____ $= 3\frac{2}{5}$

   b. $5\frac{3}{8} - 2\frac{5}{8}$

2. Resta, como se muestra en el Problema 2(a) adelante, descomponiendo la parte fraccionaria del número que estás restando. Para ayudarte, usa una recta numérica o el método de la flecha.

   a. $4\frac{1}{5} - 1\frac{3}{5} = 3\frac{1}{5} - \frac{3}{5} = 2\frac{3}{5}$

   $\overset{\displaystyle\frac{1}{5}\quad\frac{2}{5}}{\wedge}$

   b. $4\frac{1}{7} - 2\frac{4}{7}$

   c. $5\frac{5}{12} - 3\frac{8}{12}$

3. Resta, como se muestra en 3(a) adelante, descomponiendo para quitar una unidad.

a. $5\frac{5}{8} - 2\frac{7}{8} = 3\frac{5}{8} - \frac{7}{8} =$

$2\frac{5}{8}$ 1

b. $4\frac{3}{12} - 3\frac{8}{12}$

c. $9\frac{1}{10} - 6\frac{9}{10}$

4. Resuelve usando cualquier estrategia.

a. $6\frac{1}{9} - 4\frac{3}{9}$

b. $5\frac{3}{10} - 3\frac{6}{10}$

c. $8\frac{7}{12} - 5\frac{9}{12}$

d. $7\frac{4}{100} - 2\frac{92}{100}$

Lección 33:   Restar un número mixto de un número mixto.

EUREKA MATH™

Nombre _____ Fecha _____

1. Resta.

   a. $4\frac{1}{3} - \frac{2}{3}$

   b. $5\frac{2}{4} - \frac{3}{4}$

   c. $8\frac{3}{5} - \frac{4}{5}$

2. Resta las unidades primero.

   a. $3\frac{1}{4} - 1\frac{3}{4} = 2\frac{1}{4} - \frac{3}{4} = 1\frac{2}{4}$

   b. $4\frac{2}{5} - 1\frac{3}{5}$

c. $5\frac{2}{6} - 3\frac{5}{6}$

d. $9\frac{3}{5} - 2\frac{4}{5}$

3. Resuelve usando cualquier estrategia.

a. $7\frac{3}{8} - 2\frac{5}{8}$ b. $6\frac{4}{10} - 3\frac{8}{10}$

c. $8\frac{3}{12} - 3\frac{8}{12}$ d. $14\frac{2}{50} - 6\frac{43}{50}$

EUREKA MATH

Nombre _____   Fecha _____

1. Resta.

   a. $5\frac{1}{4} - \frac{3}{4}$

   b. $6\frac{3}{8} - \frac{6}{8}$

   c. $7\frac{4}{6} - \frac{5}{6}$

2. Resta las unidades primero.

   a. $4\frac{1}{5} - 1\frac{3}{5} = 3\frac{1}{5} - \frac{3}{5} = 2\frac{3}{5}$

   b. $4\frac{3}{6} - 2\frac{5}{6}$

c. $8\frac{3}{8} - 2\frac{5}{8}$

d. $13\frac{3}{10} - 8\frac{7}{10}$

3. Resuelve usando cualquier estrategia.

a. $7\frac{3}{12} - 4\frac{9}{12}$

b. $9\frac{6}{10} - 5\frac{8}{10}$

c. $17\frac{2}{16} - 9\frac{7}{16}$

d. $12\frac{5}{100} - 8\frac{94}{100}$

EUREKA
MATH™

Nombre _____   Fecha _____

1. Dibuja y marca un diagrama de cinta para mostrar que las siguientes expresiones son verdaderas.

    a.   8 quintos = 4 × (2 quintos) = (4 × 2) quintos

    b.   10 sextos = 5 ×(2 sextos) = (5 × 2) sextos

2. Escribe la expresión en forma de unidades para resolver.

    a. $7 \times \frac{2}{3}$

    b. $4 \times \frac{2}{4}$

    c. $16 \times \frac{3}{8}$

    d. $6 \times \frac{5}{8}$

EUREKA MATH™

Lección 35:   Representar la multiplicación de n por a/b como (n x a)/b usando la
propiedad asociativa y representaciones visuales.

181

©2017 Great Minds®. eureka-math.org

3. Resuelve.

   a. $7 \times \frac{4}{9}$

   b. $6 \times \frac{3}{5}$

   c. $8 \times \frac{3}{4}$

   d. $16 \times \frac{3}{8}$

   e. $12 \times \frac{7}{10}$

   f. $3 \times \frac{54}{100}$

4. María necesita $\frac{3}{5}$ de yarda de tela para cada disfraz. ¿Cuántas yardas de tela necesita para 6 disfraces?

Lección 35: Representar la multiplicación de *n* por *a/b* como *(n x a)/b* usando la propiedad asociativa y representaciones visuales.

EUREKA MATH™

Nombre _____   Fecha _____

1. Dibuja y marca un diagrama de cinta para mostrar que las siguientes expresiones son verdaderas.

   a. 8 tercios = 4 × (2 tercios) = (4 × 2) tercios

   b. 15 octavos = 3 ×(5 octavos) = (3 × 5) octavos

2. Escribe la expresión en forma de unidades para resolver.

   a. $10 \times \frac{2}{5}$ b. $3 \times \frac{5}{6}$

   c. $9 \times \frac{4}{9}$ d. $7 \times \frac{3}{4}$

EUREKA MATH™   Lección 35:   Representar la multiplicación de *n* por *a/b* como *(n x a)/b* usando la   183
                                  propiedad asociativa y representaciones visuales.

©2017 Great Minds®. eureka-math.org

3. Resuelve.

a. $6 \times \frac{3}{4}$

b. $7 \times \frac{5}{8}$

c. $13 \times \frac{2}{3}$

d. $18 \times \frac{2}{3}$

e. $14 \times \frac{7}{10}$

f. $7 \times \frac{14}{100}$

4. La Sra. Smith compró jugo de naranja. Cada miembro de su familia bebió $\frac{2}{3}$ de taza en el desayuno. Hay cinco personas en su familia. ¿Cuántas tazas de jugo de naranja se bebieron?

Lección 35: Representar la multiplicación de *n* por *a/b* como *(n x a)/b* usando la propiedad asociativa y representaciones visuales.

EUREKA
MATH™

Nombre _____ Fecha _____

1. Dibuja un diagrama de cinta para representar

   $\frac{3}{4} + \frac{3}{4} + \frac{3}{4} + \frac{3}{4}$.

2. Dibuja un diagrama de cinta para representar

   $\frac{7}{12} + \frac{7}{12} + \frac{7}{12}$.

Escribe una expresión de multiplicación que sea igual a

$\frac{3}{4} + \frac{3}{4} + \frac{3}{4} + \frac{3}{4}$.

Escribe una expresión de multiplicación que sea igual a

$\frac{7}{12} + \frac{7}{12} + \frac{7}{12}$.

3. Vuelve a escribir cada problema de suma repetida como un problema de multiplicación y resuélvelo. Expresa el resultado como un número mixto. El primer ejemplo ya está resuelto.

   a. $\frac{7}{5} + \frac{7}{5} + \frac{7}{5} + \frac{7}{5} = 4 \times \frac{7}{5} = \frac{4 \times 7}{5} =$

   b. $\frac{9}{10} + \frac{9}{10} + \frac{9}{10}$

   c. $\frac{11}{12} + \frac{11}{12} + \frac{11}{12} + \frac{11}{12} + \frac{11}{12}$

Lección 36:   Representar la multiplicación de *n* por *a/b* como *(n x a)/b* usando la propiedad asociativa y representaciones visuales.

©2017 Great Minds®. eureka-math.org

185

4. Resuelve usando cualquier método. Expresa tus respuestas como números enteros o mixtos.

a. $8 \times \frac{2}{3}$

b. $12 \times \frac{3}{4}$

c. $50 \times \frac{4}{5}$

d. $26 \times \frac{7}{8}$

5. Morgan vertió $\frac{9}{10}$ de litro de ponche en 6 frascos. ¿Cuántos litros de ponche vertió en total?

6. Una receta pide $\frac{3}{4}$ de taza de arroz. ¿Cuántas tazas de arroz se necesitan para hacer la receta 14 veces?

7. Un carnicero preparó 120 salchichas usando $\frac{3}{8}$ de libra de carne para cada una. ¿Cuántas libras de carne usó en total?

Lección 36: Representar la multiplicación de *n* por *a/b* como *(n x a)/b* usando la propiedad asociativa y representaciones visuales.

©2017 Great Minds®. eureka-math.org

EUREKA MATH

Nombre _____   Fecha _____

1. Dibuja un diagrama de cinta para representar

    $\frac{2}{3} + \frac{2}{3} + \frac{2}{3} + \frac{2}{3}$.

2. Dibuja un diagrama de cinta para representar

    $\frac{7}{8} + \frac{7}{8} + \frac{7}{8}$.

Escribe una expresión de multiplicación que sea igual a

$\frac{2}{3} + \frac{2}{3} + \frac{2}{3} + \frac{2}{3}$.

Escribe una expresión de multiplicación que sea igual a

$\frac{7}{8} + \frac{7}{8} + \frac{7}{8}$.

3. Vuelve a escribir cada problema de suma repetida como un problema de multiplicación y resuélvelo. Expresa el resultado como un número mixto. El primer ejercicio ya está resuelto.

    a. $\frac{7}{5} + \frac{7}{5} + \frac{7}{5} + \frac{7}{5} = 4 \times \frac{7}{5} = \frac{4 \times 7}{5} = \frac{28}{5} = 5\frac{3}{5}$

    b. $\frac{7}{10} + \frac{7}{10} + \frac{7}{10}$

    c. $\frac{5}{12} + \frac{5}{12} + \frac{5}{12} + \frac{5}{12} + \frac{5}{12} + \frac{5}{12}$

    d. $\frac{3}{8} + \frac{3}{8} + \frac{3}{8} + \frac{3}{8} + \frac{3}{8} + \frac{3}{8} + \frac{3}{8} + \frac{3}{8} + \frac{3}{8} + \frac{3}{8} + \frac{3}{8} + \frac{3}{8}$

4. Resuelve usando cualquier método. Expresa tus respuestas como números enteros o mixtos.

    a. $7 \times \frac{2}{9}$

    b. $11 \times \frac{2}{3}$

EUREKA MATH™   **Lección 36:**   Representar la multiplicación de *n* por *a/b* como *(n x a)/b* usando la propiedad asociativa y representaciones visuales.   187

©2017 Great Minds®. eureka-math.org

c. $40 \times \frac{2}{6}$

d. $24 \times \frac{5}{6}$

e. $23 \times \frac{3}{5}$

f. $34 \times \frac{2}{8}$

5. Coleton está jugando con bloques interconectables que tienen $\frac{3}{4}$ de pulgada de altura. Hizo una torre de 17 bloques de altura. ¿Qué altura tiene la torre?

6. Había 11 jugadoras en el equipo de softball del Sr. Maiorani. Cada una se comió $\frac{3}{8}$ de pizza. ¿Cuántas pizzas se comieron?

7. Un albañil coloca 12 ladrillos lado a lado a lo largo del lado exterior de la pared de un cobertizo. Cada ladrillo mide $\frac{3}{4}$ de pie. ¿Cuántos pies de largo tiene la pared del cobertizo?

Lección 36: Representar la multiplicación de *n* por *a/b* como *(n x a)/b* usando la propiedad asociativa y representaciones visuales.

EUREKA MATH™

Nombre _____ Fecha _____

1. Dibuja diagramas de cinta para mostrar las dos maneras de representar 2 unidades de $4\frac{2}{3}$.

Escribe una expresión de multiplicación que coincida con cada diagrama de cinta.

2. Resuelve lo siguiente usando la propiedad distributiva. El primer ejercicio ya está resuelto. (En cuanto estés listo, puedes omitir el paso que está en la línea 2).

a. $3 \times 6\frac{4}{5} = 3 \times \left(6 + \frac{4}{5}\right)$ $= (3 \times 6) + \left(3 \times \frac{4}{5}\right)$ $= 18 + \frac{12}{5}$ $= 18 + 2\frac{2}{5}$ $= 20\frac{2}{5}$	b. $2 \times 4\frac{2}{3}$
c. $3 \times 2\frac{5}{8}$	d. $2 \times 4\frac{7}{10}$

Lección 37: Encontrar el producto de un número entero y un número mixto usando la propiedad distributiva.

189

©2017 Great Minds®. eureka-math.org

e. $3 \times 7\frac{3}{4}$	f. $6 \times 3\frac{1}{2}$
g. $4 \times 9\frac{1}{5}$	h. $5\frac{6}{8} \times 4$

3. Para un traje de baile, Saisha necesita $4\frac{2}{3}$ pies de listón. ¿Cuánto listón necesita para 5 trajes iguales?

Lección 37: Encontrar el producto de un número entero y un número mixto usando la propiedad distributiva.

©2017 Great Minds®. eureka-math.org

EUREKA
MATH

Nombre _____   Fecha _____

1. Dibuja diagramas de cinta para mostrar las dos maneras de representar 3 unidades de $5\frac{1}{12}$.

Escribe una expresión de multiplicación que coincida con cada diagrama de cinta.

2. Resuelve lo siguiente usando la propiedad distributiva. El primer ejercicio ya está resuelto. (En cuanto estés listo, puedes omitir el paso que está en la línea 2).

a. $\begin{aligned} 3 \times 6\frac{4}{5} &= 3 \times \left(6 + \frac{4}{5}\right) \\ &= (3 \times 6) + \left(3 \times \frac{4}{5}\right) \\ &= 18 + \frac{12}{5} \\ &= 18 + 2\frac{2}{5} \\ &= 20\frac{2}{5} \end{aligned}$	b. $5 \times 4\frac{1}{6}$
c. $6 \times 2\frac{3}{5}$	d. $2 \times 7\frac{3}{10}$

EUREKA MATH

Lección 37:   Encontrar el producto de un número entero y un número mixto usando la propiedad distributiva.

©2017 Great Minds®. eureka-math.org

191

e. $8 \times 7\frac{1}{4}$	f. $3\frac{3}{8} \times 12$

3. La calle de Sara mide $2\frac{3}{10}$ millas de largo. Corrió 6 veces la longitud de la calle. ¿Qué distancia corrió?

4. El nuevo cachorro de Kelly pesó $4\frac{7}{10}$ libras cuando lo trajo a casa. Ahora pesa seis veces más. ¿Cuánto pesa ahora?

EUREKA
MATH

Nombre _____ Fecha _____

1. Llena los factores desconocidos.

   a. $7 \times 3\frac{4}{5} = ($ ___ $\times 3) + ($ ___ $\times \frac{4}{5})$

   b. $3 \times 12\frac{7}{8} = (3 \times$ ___ $) + (3 \times$ ___ $)$

2. Multiplica. Usa la propiedad distributiva.

   a. $7 \times 8\frac{2}{5}$

   b. $4\frac{5}{6} \times 9$

   c. $3 \times 8\frac{11}{12}$

   d. $5 \times 20\frac{8}{10}$

Lección 38:   Encontrar el producto de un número entero y un número mixto usando la propiedad distributiva.

193

©2017 Great Minds®. eureka-math.org

e. $25\frac{4}{100} \times 4$

3. La distancia alrededor del parque es de $2\frac{5}{10}$ millas. Cecilia corrió alrededor del parque 3 veces. ¿Qué distancia corrió?

4. Windsor, el perro, se comió $4\frac{3}{4}$ huesos cada día durante una semana. ¿Cuántos huesos se comió Windsor esa semana?

Lección 38:   Encontrar el producto de un número entero y un número mixto
usando la propiedad distributiva.

EUREKA MATH™

Nombre _____   Fecha _____

1. Llena los factores desconocidos.

a. $8 \times 4\frac{4}{7} = ($___$ \times 4) + ($___$ \times \frac{4}{7})$ b. $9 \times 7\frac{7}{10} = (9 \times $___$) + (9 \times $___$)$

2. Multiplica. Usa la propiedad distributiva.

a. $6 \times 8\frac{2}{7}$

b. $7\frac{3}{4} \times 9$

c. $9 \times 8\frac{7}{9}$

d. $25\frac{7}{8} \times 3$

EUREKA
MATH™

Lección 38:   Encontrar el producto de un número entero y un número mixto
              usando la propiedad distributiva.

©2017 Great Minds®. eureka-math.org

195

e. $4 \times 20\frac{8}{12}$

f. $30\frac{3}{100} \times 12$

3. Brandon está cortando 9 tablas para un proyecto de carpintería. Cada tabla mide $4\frac{5}{8}$ pies de largo. ¿Cuál es la longitud total de las tablas?

4. Rocky, el collie, se comió $3\frac{1}{4}$ tazas de comida para perro cada día durante dos semanas. ¿Cuánta comida para perro se comió Rocky en ese tiempo?

5. En la fiesta de la clase, a cada estudiante le darán un recipiente lleno con $8\frac{5}{8}$ onzas de jugo. Hay 25 estudiantes en la clase. ¿Cuántas onzas de jugo necesita comprar el maestro?

Lección 38: Encontrar el producto de un número entero y un número mixto usando la propiedad distributiva.

©2017 Great Minds®. eureka-math.org

EUREKA MATH

Nombre _____   Fecha _____

Usa el proceso LDE para resolver.

1. Tameka corrió $2\frac{5}{8}$ millas. Su hermana corrió dos veces más lejos. ¿Qué distancia corrió la hermana de Tameka?

2. La escultura de Natasha medía $5\frac{3}{16}$ pulgadas de alto. La de Maya era 4 veces más alta. ¿Cuánto más corta era la escultura de Natasha que la de Maya?

3. Una costurera necesita $1\frac{5}{8}$ yardas de tela para hacer un vestido de niña. Necesita 3 veces más tela para hacer un vestido de mujer. ¿Cuántas yardas de tela necesita para ambos vestidos?

Lección 39:   Resolver problemas escritos de comparación multiplicativa que
involucran fracciones.

©2017 Great Minds®. eureka-math.org

197

4. Un pedazo de estambre azul mide $5\frac{2}{3}$ yardas de largo. Un pedazo de estambre rosa es 5 veces más largo que el estambre azul. Bailey los amarró con un nudo y usó $\frac{1}{3}$ de yarda de cada pedazo de estambre. ¿Cuál es la longitud total del estambre amarrado?

5. El conductor de un camión manejó $35\frac{2}{10}$ millas antes de detenerse para desayunar. Después manejó 5 veces más lejos antes de detenerse para comer. ¿Qué distancia manejó ese día antes de su hora de comida?

6. La motocicleta del Sr. Washington necesita $5\frac{5}{10}$ galones de gasolina para llenar el tanque. Para llenar su camioneta necesita 5 veces más gasolina. Si el Sr. Washington paga $3 por galón de gasolina, ¿cuánto le costaría llenar los tanques de la motocicleta y de la camioneta?

Lección 39:   Resolver problemas escritos de comparación multiplicativa que involucran fracciones.

©2017 Great Minds®. eureka-math.org

EUREKA MATH

Nombre _____ Fecha _____

Usa el proceso LDE para resolver.

1. La carne molida de pavo se vende en paquetes de $2\frac{1}{2}$ libras. Dawn compró ocho veces más pavo del que se vende en 1 paquete para la fiesta de cumpleaños de su hijo. ¿Cuántas libras de carne molida de pavo compró Dawn?

2. La pila de libros de Trevor mide $7\frac{7}{8}$ pulgadas de alto. La pila de libros de Rick es 3 veces más alta. ¿Cuál es la diferencia en las alturas de sus pilas de libros?

3. Se necesitan $8\frac{3}{4}$ yardas de tela para hacer un edredón. Gail necesita tres veces más tela para hacer tres edredones. Ya tiene dos yardas de tela. ¿Cuántas yardas más de tela necesita comprar Gail para poder hacer tres edredones?

Lección 39: Resolver problemas escritos de comparación multiplicativa que involucran fracciones.

©2017 Great Minds®. eureka-math.org

199

4. Carol hizo ponche. Usó $12\frac{3}{8}$ tazas de jugo y después agregó tres veces más de ginger ale. Después agregó 1 taza de limonada. ¿Cuántas tazas de ponche hizo con su receta?

5. El lunes Brandon manejó $72\frac{7}{10}$ millas. El martes viajó 3 veces más lejos. ¿Qué distancia manejó en los dos días?

6. Esta semana la Sra. Reiser usó $9\frac{8}{10}$ galones de gasolina. Esta semana el Sr. Reiser usó cinco veces más gasolina que la Sra. Reiser. Si el Sr. Reiser paga $3 por cada galón de gasolina, ¿cuánto pagó por gasolina el Sr. Reiser?

Lección 39: Resolver problemas escritos de comparación multiplicativa que involucran fracciones.

©2017 Great Minds®. eureka-math.org

EUREKA MATH™

Nombre _____   Fecha _____

1. La tabla de la derecha muestra las estaturas de algunos jugadores de futbol.

    a. Usa los datos de la tabla para crear una gráfica de línea y responder las preguntas.

    b. ¿Cuál es la diferencia en la estatura del jugador más alto y el más bajo?

    c. El Jugador I y el Jugador B tienen una estatura combinada que es $1\frac{1}{8}$ pies más alta que un camión escolar. ¿Cuál es la altura del camión escolar?

Jugador	Estatura (en pies)
A	$6\frac{1}{4}$
B	$5\frac{7}{8}$
C	$6\frac{1}{2}$
D	$6\frac{1}{4}$
E	$6\frac{2}{8}$
F	$5\frac{7}{8}$
G	$6\frac{1}{8}$
H	$6\frac{5}{8}$
I	$5\frac{6}{8}$
J	$6\frac{1}{8}$

Lección 40: Resolver problemas escritos que involucran la multiplicación de un número entero y una fracción incluyendo aquellos que involucran gráficas lineales.

©2017 Great Minds®. eureka-math.org

2. Uno de los jugadores en el equipo es ahora 4 veces más alto que al nacer, cuando medía $1\frac{5}{8}$ pies. ¿Quién es el jugador?

3. Seis de los jugadores del equipo pesan más de 300 libras. Los doctores recomiendas que los jugadores con este peso tomen al menos $3\frac{3}{4}$ cuartos de galón de agua cada día. ¿Al menos qué cantidad de agua deben consumir al día los 6 jugadores?

4. Nueve de los jugadores en el equipo pesan alrededor de 200 libras. Los doctores recomiendan que personas con este peso coman cada uno cerca de $3\frac{7}{10}$ gramos de carbohidratos por libra cada día. ¿Aproximadamente cuántos gramos combinados de carbohidratos por libra deben comer estos 9 jugadores cada día?

Lección 40:   Resolver problemas escritos que involucran la multiplicación de un número entero y una fracción incluyendo aquellos que involucran gráficas lineales.

©2017 Great Minds®. eureka-math.org

Nombre _____   Fecha _____

La tabla de la derecha muestra el total de precipitación mensual en una ciudad.

1. Usa los datos para crear una **gráfica de línea al final de esta página** y para responder las siguientes preguntas.

Meses	Lluvia (en pulgadas)
Enero	$2\frac{2}{8}$
Febrero	$1\frac{3}{8}$
Marzo	$2\frac{3}{8}$
Abril	$2\frac{5}{8}$
Mayo	$4\frac{1}{4}$
Junio	$2\frac{1}{4}$
Julio	$3\frac{7}{8}$
Agosto	$3\frac{1}{4}$
Septiembre	$1\frac{5}{8}$
Octubre	$3\frac{2}{8}$
Noviembre	$1\frac{3}{4}$
Diciembre	$1\frac{5}{8}$

2. ¿Cuál es la diferencia en la precipitación entre el mes más húmedo y el más seco?

3. ¿Cuánta más de lluvia cayó en mayo que en abril?

4. ¿Cuál es la cantidad de precipitación combinada para los meses de verano junio, julio y agosto?

5. ¿Cuánta más lluvia cayó en los meses de verano que la precipitación combinada de los últimos 4 meses del año?

6. ¿En qué meses llovió dos veces más de lo que llovió en diciembre?

7. Cada pulgada de lluvia puede producir diez veces más esas mismas pulgadas de nieve. Si toda la precipitación de enero fuera en forma de nieve, ¿cuántas pulgadas de nieve caería en enero?

Lección 40:   Resolver problemas escritos que involucran la multiplicación de un número entero y una fracción incluyendo aquellos que involucran gráficas lineales.

©2017 Great Minds®. eureka-math.org

Nombre _____ Fecha _____

1. Encuentra las sumas.

   a. $\frac{0}{3} + \frac{1}{3} + \frac{2}{3} + \frac{3}{3}$

   b. $\frac{0}{4} + \frac{1}{4} + \frac{2}{4} + \frac{3}{4} + \frac{4}{4}$

   c. $\frac{0}{5} + \frac{1}{5} + \frac{2}{5} + \frac{3}{5} + \frac{4}{5} + \frac{5}{5}$

   d. $\frac{0}{6} + \frac{1}{6} + \frac{2}{6} + \frac{3}{6} + \frac{4}{6} + \frac{5}{6} + \frac{6}{6}$

   e. $\frac{0}{7} + \frac{1}{7} + \frac{2}{7} + \frac{3}{7} + \frac{4}{7} + \frac{5}{7} + \frac{6}{7} + \frac{7}{7}$

   f. $\frac{0}{8} + \frac{1}{8} + \frac{2}{8} + \frac{3}{8} + \frac{4}{8} + \frac{5}{8} + \frac{6}{8} + \frac{7}{8} + \frac{8}{8}$

2. Describe un patrón que hayas notado al sumar las sumas de las fracciones con denominadores pares en comparación con aquellas con denominadores impares.

3. ¿Cómo cambiarían las sumas si la suma empezara con la fracción unitaria en vez de con 0?

Lección 41:   Encontrar y usar un patrón para calcular la suma de todos los términos fraccionarios entre 0 y 1. Compartir y criticar las estrategias de los compañeros.

©2017 Great Minds®. eureka-math.org

205

4. Encuentra las sumas.

a. $\frac{0}{10} + \frac{1}{10} + \frac{2}{10} + ... + \frac{10}{10}$

b. $\frac{0}{12} + \frac{1}{12} + \frac{2}{12} + ... + \frac{12}{12}$

c. $\frac{0}{15} + \frac{1}{15} + \frac{2}{15} + ... + \frac{15}{15}$

d. $\frac{0}{25} + \frac{1}{25} + \frac{2}{25} + ... + \frac{25}{25}$

e. $\frac{0}{50} + \frac{1}{50} + \frac{2}{50} + ... + \frac{50}{50}$

f. $\frac{0}{100} + \frac{1}{100} + \frac{2}{100} + ... + \frac{100}{100}$

5. Compara tu estrategia para encontrar las sumas en los Problemas 4(d), 4(e) y 4(f) con un compañero.

6. ¿Cómo puedes aplicar esta estrategia para encontrar la suma de todos los números enteros de 0 a 100?

Lección 41: Encontrar y usar un patrón para calcular la suma de todos los términos fraccionarios entre 0 y 1. Compartir y criticar las estrategias de los compañeros.

EUREKA MATH™

Nombre _____ Fecha _____

1. Encuentra las sumas.

a. $\frac{0}{5} + \frac{1}{5} + \frac{2}{5} + \frac{3}{5} + \frac{4}{5} + \frac{5}{5}$

b. $\frac{0}{6} + \frac{1}{6} + \frac{2}{6} + \frac{3}{6} + \frac{4}{6} + \frac{5}{6} + \frac{6}{6}$

c. $\frac{0}{7} + \frac{1}{7} + \frac{2}{7} + \frac{3}{7} + \frac{4}{7} + \frac{5}{7} + \frac{6}{7} + \frac{7}{7}$

d. $\frac{0}{8} + \frac{1}{8} + \frac{2}{8} + \frac{3}{8} + \frac{4}{8} + \frac{5}{8} + \frac{6}{8} + \frac{7}{8} + \frac{8}{8}$

e. $\frac{0}{9} + \frac{1}{9} + \frac{2}{9} + \frac{3}{9} + \frac{4}{9} + \frac{5}{9} + \frac{6}{9} + \frac{7}{9} + \frac{8}{9} + \frac{9}{9}$

f. $\frac{0}{10} + \frac{1}{10} + \frac{2}{10} + \frac{3}{10} + \frac{4}{10} + \frac{5}{10} + \frac{6}{10} + \frac{7}{10} + \frac{8}{10} + \frac{9}{10} + \frac{10}{10}$

2. Describe un patrón que hayas notado al sumar las sumas de las fracciones con denominadores pares en comparación con aquellas con denominadores impares.

3. ¿Cómo cambiarían las sumas si la suma empezara con la fracción unitaria en vez de con 0?

Lección 41: Encontrar y usar un patrón para calcular la suma de todos los términos fraccionarios entre 0 y 1. Compartir y criticar las estrategias de los compañeros.

207

©2017 Great Minds®. eureka-math.org

4. Encuentra las sumas.

a. $\frac{0}{20} + \frac{1}{20} + \frac{2}{20} + \ldots + \frac{20}{20}$

b. $\frac{0}{35} + \frac{1}{35} + \frac{2}{35} + \ldots + \frac{35}{35}$

c. $\frac{0}{36} + \frac{1}{36} + \frac{2}{36} + \ldots + \frac{36}{36}$

d. $\frac{0}{75} + \frac{1}{75} + \frac{2}{75} + \ldots + \frac{75}{75}$

e. $\frac{0}{100} + \frac{1}{100} + \frac{2}{100} + \ldots + \frac{100}{100}$

f. $\frac{0}{99} + \frac{1}{99} + \frac{2}{99} + \ldots + \frac{99}{99}$

5. ¿Cómo puedes aplicar esta estrategia para encontrar la suma de todos los números enteros de 0 a 50? ¿A 99?

Lección 41: Encontrar y usar un patrón para calcular la suma de todos los términos fraccionarios entre 0 y 1. Compartir y criticar las estrategias de los compañeros.

©2017 Great Minds®. eureka-math.org

EUREKA
MATH™